RAINER KRUMM

CHANGE IST DOOF!

> Warum sich Mitarbeiter gegen Veränderungen wehren

werdewelt Verlags- und Medienhaus

© 2016 werdewelt Verlags- und Medienhaus GmbH

978-3-9818300-0-2

Impressum

© werdewelt GmbH | Aarstraße 6 | 35756 Mittenaar-Bicken | T +49 2772 5820-10

mail@werdewelt.info | www.werdewelt.info

1. Auflage 2016

Autor: Rainer Krumm

Gestaltung/Satz: www.werdewelt.info

Lektorat: www.werdewelt.info

Druck: CPI books GmbH

Verlag: werdewelt Verlags- und Medienhaus GmbH

INHALT

„Jedes Leben ist wie ein Kaleidoskop: unberechenbar und dennoch beständig in kontinuierlicher Veränderung."

CHANGE IST DOOF!

WARUM SICH MENSCHEN GEGEN VERÄNDERUNG WEHREN

„Change ist doof!" – diese Aussage höre ich oft in Unternehmen, sobald die Hintergründe der Veränderungen nicht bekannt sind und die Mitarbeiter deshalb im Dunkeln stehen. Natürlich ist Change alles andere als doof, sondern vielmehr eine Chance. Doch viele Mitarbeiter können die Zusammenhänge nicht verstehen, weil sie schlichtweg nicht informiert werden. Stattdessen werden sie regelrecht überrumpelt, ihnen werden Ziele und Vorgehensweise nicht vermittelt, sie werden nicht integriert, nicht involviert usw. usf. – daher finden eben viele Mitarbeiter: „Change ist doof!"

In diesem Buch erfahren Sie, was die meisten Menschen an Veränderungen stört, was diese bei ihnen auslösen und warum. Denn: Wir alle sind viel häufiger von Veränderungen betroffen, als wir glauben. Das zeige ich Ihnen an zahlreichen Beispielen, die Sie im Alltag oft gar nicht wahrnehmen. Wir Menschen lieben nun einmal Gewohnheiten und Rituale. Warum das so ist und warum diese Angewohnheiten uns Sicherheit geben, das betrachten wir ebenso wie die Chance, genau diese Automatismen und Regelkreise zu durchbrechen.

Ich werde Ihnen verschiedene Veränderungs-Typen vorstellen. Ich unterscheide zwischen passiven Bremsern, aktiven Blockern, abwartenden Skeptikern, aktiven Unterstützern, Vorreitern und Visionären.

Ich lade Sie in die Veränderungskurve ein, oder wie ich sie gerne nenne: die emotionale Achterbahn. Wie Sie da reinkommen – aber vor allem, wie Sie wieder heil da rauskommen –, das lernen Sie in diesem Buch.

VERÄNDERUNG IST ÜBERALL – WIRKLICH?

Menschen sind viel häufiger von Veränderungen betroffen, als sie es selbst bewusst bemerken. Die angenehmen Veränderungen erkennen sie häufig gar nicht und wenn doch, dann nur kurz. Auf jeden Fall stellt diese Art von Veränderung für uns kein Problem dar. Meistens nehmen wir gerade die Veränderungen bewusst wahr, die wir als unangenehm empfinden. Denn diese stören uns und vermitteln uns das Gefühl, dass sie uns nicht leichtfallen. Daher beschäftigen sie unser Gehirn intensiver, sie lassen uns unsere Handlungen bewusster erleben und belasten die Emotionen – und genau aus diesem Grund fallen uns als negativ empfundene Veränderungen stärker auf.

Ich möchte Ihnen ein paar Beispiele für Veränderungen nennen, die uns und unser Leben in den letzten Jahren massiv beeinflusst haben:

Können Sie sich an unsere Welt erinnern, bevor es Handys gab? Noch vor dem Internet, dem Navigationssystem, der Digitalfotografie? Oder denken Sie an politische und gesellschaftliche Veränderungen: Erinnern Sie sich an die Zeit vor der Mülltrennung, vor dem Ende des kalten Krieges, vor der deutschen Wiedervereinigung. Zahlreiche Errungenschaften, die Sie heute als normal ansehen, waren vor etlichen Jahren undenkbar.

HABEN SIE IM HERBST SCHON EINMAL DEN NATURSCHUTZ ALARMIERT?

In unseren Breitengraden zeigt sich jedes Jahr im Herbst ein wahres Farbenspiel in den Laub-wäldern. Die Blätter beginnen, ihr saftiges Grün zu verlieren und wandeln sich über gelbliche in rötliche Farbtöne. Irgendwann werden die Blätter dann braun und fallen ab.

Haben Sie deshalb schon einmal beim Naturschutz angerufen und diesen alarmiert? Sicherlich nicht. Warum nicht? Weil Sie bereits als Kind die Erfahrung gemacht haben, dass das normal ist und die Bäume im Frühjahr wieder Blätter bekommen, der Baum also nicht krank ist und nach wie vor noch wächst und gedeiht.

GAB ES EIN LEBEN VOR DEM IPHONE?

Häufig vergessen Menschen, wie es vor der Veränderung war und nehmen die neuen Gegebenheiten schnell in ihren Alltag und in ihr Handeln auf. Schon fast philosophisch kann man viele Personen fragen: „Gab es ein Leben vor dem iPhone?" Einige würden mit einem schmunzelnden „Nein" antworten.

Gerade Technologien verändern in den letzten Jahren unsere Lebensweise deutlich – ob Sie das toll oder blöd finden, hat auf den Prozess keinerlei Einfluss. Denken Sie an Alltags-Technologien wie Handys, Smartphone, Handykameras oder virtuelle soziale Netzwerke wie Facebook, Xing und das Internet allgemein.

Bitte überlegen Sie sich:

» Welche Veränderungen haben sich in den vergangenen Jahren in Ihrem beruflichen ebenso wie in Ihrem privaten Umfeld ergeben? Gehen Sie in dieser Zeitreise rückwärts bis zum Beginn Ihrer beruflichen Karriere. Denken Sie dabei an technische, persönliche und prozessuale Veränderungen.

» Wie oft hat sich Ihre Position oder Ihre Stellenbezeichnung verändert?

» Wie oft wurde in Ihrem Arbeitsumfeld umstrukturiert oder umorganisiert?

» Wie oft wurde ggf. Ihr Unternehmen umbenannt? Wie haben sich die Kunden und deren Bedürfnisse verändert?

» Welche privaten Veränderungen gab es (Kinder, Beziehungen, Wohnortwechsel, neue Hobbys)?

„Fürchte dich nicht vor Veränderungen, fürchte dich nur vor dem Stillstand."

LAO TSE (570 BIS CA. 490 V.CHR.)

VERÄNDERUNGEN SIND WICHTIG!

Die Märkte und Herausforderungen für Unternehmen verändern sich. Die Veränderungsfähigkeit von Unternehmen – also die Anpassungsfähigkeit – ist Schlüsselfaktor für eine sichere und beständige Zukunft. Wer nicht mit der Zeit geht – geht nach einiger Zeit …

Jack Welch, der langjährige CEO von General Electric, prägte den Satz: „Change before you have to!" Was damit gemeint ist, ist klar: Es ist besser, sich früh, selbständig und rechtzeitig zu verändern und den neuen Umgebungen anzupassen, als aus einer Situation der Schwäche heraus. Viele Unternehmen und Organisationen ruhen sich auf den Lorbeeren ihrer Erfolge aus – bis diese verdorren und zu pieksen anfangen.

Das viel zitierte Darwin-Prinzip „Survival of the fittest" passt hier wunderbar, es wird nur leider landläufig falsch übersetzt. Denn es heißt eben nicht, dass der Stärkere überlebt. Die Grundidee der Darwin'schen Überlegungen zur Evolution ist, dass derjenige überlebt, der sich am besten an die Umgebung und die Umstände anpasst und einstellt.

Menschen, Systeme und Unternehmen sollten sich daher eher frühzeitig auf sich verändernde

CHANGE
before you have to.

JACK WELCH

Rahmenbedingungen umstellen als zu spät. Hier passt auch das Gorbatschow-Zitat: „Wer zu spät kommt, den bestraft das Leben."

Stellen Sie sich doch mal einfach Folgendes vor: Der Winter steht vor der Tür und Sie haben sich zu spät dafür entschieden, die Winterreifen aufzuziehen. Nun kommt der Schneefall zum Winterbeginn erstens immer „plötzlich und unerwartet" und dann auch noch gerne sehr intensiv. Das wird dann ordentlich rutschig und kann fatale Folgen haben. Dieses Beispiel zeigt: Frühzeitige Veränderung und Anpassung an die zu erwartenden Bedingungen machen Sinn.

Ein weiteres Beispiel ist Polaroid und die Digitalfotografie. Sicher können Sie sich noch an die tollen Polaroid-Fotos erinnern: Haben Sie beim Namen der Firma auch direkt das bekannte Wedeln des Bildes während des Entwickelns im Kopf? Genau diese Firma meine ich. Sie wurde gegründet auf Basis des Wunsches eines Vaters, der seine Fotos zu Weihnachten gerne sofort sehen wollte. Also gründete er Polaroid. Die Zeiten veränderten sich aber und damit auch die Techniken. Als die Digitalfotografie auf den Markt kam, wurde Polaroid zunehmend verdrängt. Dabei war die Schlüsselkompetenz des Unternehmens doch genau dieselbe wie von der Digitalfotografie, nämlich dass Fotos sofort nach dem Knipsen zu sehen sind. Leider hat Polaroid die Weiterentwicklung der technischen Standards falsch eingeschätzt und/oder falsch gehandelt. Deshalb spielt Polaroid heute keine große Rolle mehr. Leider!

BETROFFENE ZU BETEILIGTEN MACHEN
– IMMER UND JEDERZEIT?!

Wenn Personen von Veränderungen betroffen sind, welche sie nicht selbst initiiert haben, dann möchten sie doch zumindest ernst genommen und respektiert werden. Der französische Mathematiker und Philosoph Blaise Pascal wusste schon im 16. Jahrhundert: „Menschen lassen sich viel eher durch Argumente überzeugen, die sie selbst entdecken, als durch solche, auf die andere kommen".

Wir kennen das aus Beziehungen: Demjenigen, mit dem Schluss gemacht wird, geht es erfahrungsgemäß schlechter als dem aktiven Part. Und warum? Weil derjenige nicht damit gerechnet hat, während der andere Zeit hatte, sich lange darüber Gedanken zu machen. Vielleicht erinnern Sie sich: Ein ehemaliger deutscher Tennisstar hat vor einigen Jahren seiner damaligen Lebenspartnerin via SMS mitgeteilt, dass er sich von ihr trennen werde. Tja, so einfach kann man es sich machen: Es ist eben dabei nur ein erheblicher Unterscheid, ob Sie die SMS versenden oder ob Sie derjenige sind, der sie empfängt.

DER MENSCH IST EIN GEWOHNHEITSTIER, DENN – DAS GIBT SICHERHEIT

Der Mensch ist von Haus aus ein Wesen, das sich möglichst energieeffizient verhält. Das klingt zwar vor dem Hintergrund der Erderwärmung etwas grotesk, aber der Mensch versucht sich das Leben so einfach wie möglich zu gestalten, sodass er bzw. sein Körper möglichst wenig Energie verbraucht. Sie sehen: Mit CO_2 hat das nix zu tun.

Das heißt, Menschen versuchen, sich praktische und bewährte Abläufe und Handlungen zu ermöglichen. Diese Abläufe wiederholen sie natürlich regelmäßig, sodass ihr Gehirn anfängt, diesen Automatismus zu speichern. Das Ergebnis ist, dass wir diese Abläufe beinahe unbewusst erledigen können. Denken Sie einfach daran, wo Sie welche Dinge in Ihrem Haushalt verstaut haben. Ich vermute, diese sind meist so geordnet, dass sie sich einfach finden lassen. Begeben Sie sich gedanklich einfach mal kurz in Ihre eigene Küche. Habe ich recht?

WIE FUNKTIONIERT UNSER GEHIRN
UND WIE ENTSTEHT GEWOHNHEIT?

Vereinfacht ausgedrückt, kann man sagen, dass der Mensch drei wichtige Gehirnregionen hat: das Stammhirn, das Großhirn und das Kleinhirn. Auch wenn Neurologen und Gehirnforscher nun vielleicht aufschreien, aber eine gewisse Reduktion der Komplexität ist an dieser Stelle nötig. Diese drei Gehirnbereiche spielen während der Veränderung eine zentrale Rolle. Das älteste Hirn ist das Stammhirn – das hatten schon unsere Vorvorfahren. Das Stammhirn kann genau drei Dinge: totstellen, flüchten oder kämpfen.

Das sind drei Eigenschaften, die in der Steinzeit toll und hilfreich waren, aber in der heutigen zivilisierten Welt nicht mehr so oft zum Tragen kommen – außer in Ausnahmesituationen. Vielleicht erinnern Sie sich noch an Ihren letzten Zoff, den Sie mit jemandem hatten. Diese Situationen sind prädestiniert für den Fluchtreflex. Das Stammhirn übernimmt meistens dann das Ruder, wenn Sie emotional aufgebracht sind. Totstellen äußert sich dann in bockigen Aussagen wie: „Dann sag ich halt gar nix mehr!" Flüchten bedeutet oft, den Raum zu verlassen und Türen zu knallen. Mit dem Effekt, dass der Säbelzahntiger durch die zugeknallte Tür erst einmal gestoppt ist. Und Kämpfen äußert sich meist in verbalen oder gar handgreiflichen Auseinandersetzungen. Das Problem am Stammhirn ist, dass es das Großhirn und das Kleinhirn gerne ausschaltet oder überstimmt.

Das Großhirn brauchen Sie für bewusste Prozesse und klassisches kognitives Vorgehen, also immer dann, wenn Sie etwas mit voller Konzentration tun wollen - zum Beispiel einen anstrengenden Text lesen. Denken Sie an Ihre Fahrschulzeit zurück: Damals hatte das Autofahren noch volle Konzentration gefordert - um vom zweiten in den dritten Gang zu wechseln, mussten Sie sich erst die einzelnen Schritte ins Bewusstsein rufen.

Das Kleinhirn ist für alle koordinativen Dinge und für Gewohnheiten zuständig. Wenn Sie heute Auto fahren, dann müssen Sie vermutlich nicht viel nachdenken, sondern fahren einfach. Das Schalten vom zweiten in den dritten Gang ist ein unbewusster Prozess – Sie machen es einfach.

Mein eigenes Kleinhirn hatte mal eine gewaltige Herausforderung zu meistern. Nach etlichen Jahren des Autofahrens bin ich von einem Schaltwagen auf einen Automatikwagen umgestiegen. Die ersten 200 Kilometer waren für alle Beteiligten nicht ganz einfach: Zahlreiche vom Kleinhirn initiierte Schaltvorgänge endeten in Vollbremsungen. Gott sei Dank ist dabei nie was passiert. Heute weiß mein Kleinhirn, dass es nicht mehr schalten muss. Es ist eher wieder umgekehrt: Wenn ich zum Beispiel das Auto meiner Frau nutze, dann würge ich gerne ihren Schaltwagen ab, weil mein Kleinhirn das Kupplung-Drücken vergisst.

Kennen Sie die Situation? Sie sind im gleichen Ort umgezogen oder Ihr Weg zur Arbeit hat sich verändert – und eines Tages fahren Sie wie von selbst zur alten Wohnung oder zum alten Arbeitgeber? Genau dann kommt Ihnen Ihr Kleinhirn bei den Veränderungen in die Quere. Die gute Nachricht ist, dass Sie das Kleinhirn auch wieder umziehen können – die schlechte Nachricht ist, dass dies leider lange dauert. Man geht davon aus, dass es 70 bis 100 Wiederholungen bedarf, um alte Gewohnheiten in neue Gewohnheiten zu verändern.

Gehen Sie gedanklich nochmal in Ihre Küche. Haben Sie da einmal etwas umorganisiert? Wie oft haben Sie kurz danach das Brotmesser in der falschen Schublade gesucht oder die Kaffeetassen hinter einer anderen Schranktür vermutet?

Das ist der Grund, weshalb Menschen sich oft schwertun, neue Verhaltensweisen umzusetzen oder schnell zu verinnerlichen. Selbst dann, wenn sie es wollen. Manchmal kommt hinzu, dass sie zwar schlau denken, aber doof handeln.

Um sich ein neues Verhalten anzueignen, ist es nötig, es häufig und konsequent umzusetzen, also bewusst zu trainieren und zu üben. Nur durch die häufige Wiederholung lernen Sie und Ihr Kleinhirn nachhaltig.

Also setzen Sie sich mit den neuen Prozessen und Vorgehensweisen so intensiv wie möglich auseinander – umso schneller klappt's auch mit der Veränderung. Führungskräfte sind hier besonders gefragt, die Mitarbeiter zu entwickeln und in Qualifizierungsmaßnahmen zu investieren. Coachen Sie Ihre Mitarbeiter und lassen Sie nicht nach kurzfristigen Erfolgen locker, denn das Kleinhirn springt nur allzu gerne wieder in alte Gewohnheiten und Vorgehensweisen. Ob Sie wollen oder nicht.

Franz Kafka meinte seinerzeit, dass Wege dadurch entstehen, dass man sie auch geht.

RITUALE UND ANDERE BRÄUCHE

Rituale und Bräuche geben Sicherheit und Zugehörigkeit. Und zwar im privaten wie beruflichen Kontext. In vielen Veränderungsprozessen wird nicht analysiert, welche Rituale und Bräuche bestehen und inwieweit diese für die Beteiligten wichtig sind. Oft werden da regelrecht heilige Kühe geschlachtet – ohne dass die Verantwortlichen sich dessen bewusst sind.

Ein Beispiel aus der Praxis: Sie können sich vielleicht vorstellen, wie wichtig eine Currywurst dem Berliner ist (ungefähr so wie dem Münchner die Weißwurst). In einem großen Berliner

Produktionsbetrieb wurde der Kantinenbetreiber gewechselt. Bisher gab es jeden Freitag als beliebtes Auswahlessen Currywurst mit Pommes – dies behielt der neue Betreiber auch bei. Doch er wechselte den Metzger und damit veränderte er ein entscheidendes Element des Rituals. Es kam zum Aufschrei: Der Geschmack der rituellen Currywurst war plötzlich anders. Mittels Betriebsrat wurde der alte Metzger wieder inthronisiert – und die Welt war wieder in Ordnung.

Welche heiligen Currywürste – äh – Kühe wurden bei Ihnen im Unternehmen schon geschlachtet?

Bei einer Unternehmens-Fusion erlebte ich, dass ein Teil der Belegschaft unter anderem dadurch positiv gestimmt werden konnte, dass man ihnen den Tischkicker im Pausenraum nicht weggenommen hatte – bzw. diesen (und nur diesen) mit in das neue Gebäude umgezogen hatte.

Sie kennen vielleicht die Aussage: „Neue Besen kehren gut!" Nach diesem Motto handeln viele neu eingesetzte Führungskräfte und Manager und wundern sich, dass sie damit auf Gegenwehr stoßen. Oft werden Themen und Gegebenheiten verändert, ohne die Hintergründe wirklich zu verstehen oder die Zusammenhänge zu erkennen. Dies löst natürlich bei Mitarbeitern Misstrauen aus und wird häufig als arrogant wahrgenommen. Es fallen dann gerne Aussagen wie: „Da könnt' ja jeder kommen", und: „Das haben wir schon immer so gemacht."

„The Times They Are A-Changing"

BOB DYLAN

Also versuchen Sie bitte erst die Zusammenhänge zu verstehen. Zeigen Sie, dass Sie diese verinnerlicht haben – und starten Sie dann erst die Veränderung. Es sei denn, Sie haben Spaß an großer Gegenwehr und Ablehnung.

DIE VERÄNDERUNG ALS WEG BEGREIFEN

Viele Menschen in Unternehmen wundern sich, warum Veränderungen so lange brauchen, bis sie ins Tagesgeschäft integriert sind.

Eine Veränderung – und sei sie noch so klein – braucht Zeit.

Es geht nicht darum, einfach einen Schalter umzulegen und die neue Situation wie eine Lampe anzuknipsen. Vielmehr müssen sich Menschen an neue Situationen, Abläufe und Gegebenheiten anpassen. Und da spielt die Funktionsweise des Kleinhirns, das Sie ja eben schon kennengelernt haben, eine große Rolle. Das Kleinhirn benötigt dann einfach einige Wiederholungen, um aus den ausgetrampelten und bekannten Wegen in die neuen zu finden und diese als neue Standards zu begreifen.

Bei Umstellungen im privaten Umfeld – ob Trauerfälle, Beziehungsbrüche, Wohnungswechsel, Namensveränderungen nach Eheschließungen oder Ähnliches – braucht es etwas Zeit, bis diese verarbeitet sind.

In der Trauerarbeit nach Todesfällen wird diese Zeit ganz bewusst begangen – um eben auch Abschied zu nehmen und sich langsam auf die neue Situation einzustellen. Das geht nicht von heute auf morgen.

Liebe Führungskraft: Zähigkeit und Ausdauer sind übrigens zwei Schlüsselkompetenzen für Change Manager! Ebenso Respekt, Wertschätzung und Transparenz.

Es gibt natürlich kleine Veränderungen in den Bereichen Verhalten und Fähigkeiten, die relativ schnell umzusetzen sind. Also wenn in Ihrem Unternehmen ein neues EDV-System eingeführt wird oder durch ein Software-Update plötzlich die Benutzeroberfläche anders aussieht, dann geht die eine Veränderung zwar relativ schnell, trotzdem ist es am Anfang ungewohnt, es dauert länger und man wünscht sich oft die alte Welt zurück.

Geht es aber um Veränderung in der Identität, der Zugehörigkeit oder in den Werten, dann geht dies bei Weitem nicht so schnell. Ich erlebe in meinen Seminaren immer wieder langjährige Mit-

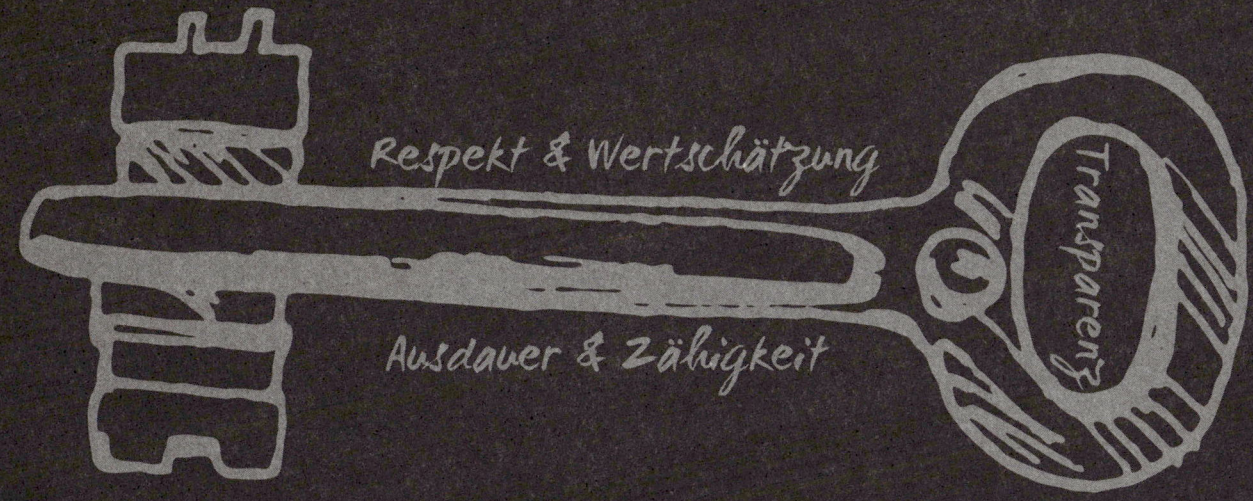

arbeiter, die sich immer noch in der Vorstellungsrunde mit dem Unternehmen bekanntmachen, wo sie ihre Karriere oder Ausbildung begonnen haben – auch wenn es dieses Unternehmen schon lange nicht mehr gibt und dies schon 30 Jahre her ist. Das zeigt: Identität oder Zugehörigkeit werfen wir nicht so schnell über Bord.

Bitte denken Sie einmal an die letzte Veränderung,
die Sie in Ihrem beruflichen Umfeld erlebt haben.
Das kann eine kleine oder eine größere Veränderung sein.

» Was hat sich für Sie persönlich verändert?

» Wie hat sich das angefühlt? Wie haben Sie das erlebt?

» Wie waren Ihre ersten Reaktionen darauf?

» Wie geht es Ihnen inzwischen damit? Wie denken Sie heute darüber?

Wenn Sie die Veränderung als Weg oder Prozess verstehen, fällt Sie Ihnen leichter. Erwarten Sie keine schnellen Wunder und Zaubereien, sondern sehen Sie sie eher als Entwicklungsprozess oder „Reise" an. Vergleichen Sie Veränderungen mit dieser Situationen in der Natur: Eine Raupe wird auch nicht von heute auf morgen zum Schmetterling.

WIE PILOTIEREN WELTMEISTER DURCH VERÄNDERUNGEN?

Neben der Entwicklung von Menschen und Organisationen fasziniert mich noch ein weiterer Bereich ungemein: das Gleitschirmfliegen – ich bin seit über 25 Jahren leidenschaftlicher Gleitschirmflieger. Sie wissen schon, das sind die Typen, die sich mit den Stofftüchern vom Berg stürzen. Na ja, es ist schon ein bisschen komplexer und faszinierender.

Das Spannende an der Gleitschirmfliegerei ist, die unsichtbaren Aufwinde und die Thermik zu nutzen, um motorlos durch die Lüfte zu fliegen, möglichst lange in der Luft zu bleiben und ggf. auch noch weite Strecken zu fliegen. Der aktuelle Weltrekord im Streckenflug bei den Gleitschirmfliegern liegt übrigens bei über 500 km. Und das ohne Motor.

Nun werden Sie sich vielleicht denken: Was erzählt der mir hier beim Thema Change Management vom Gleitschirmfliegen? Ganz einfach – es geht um Veränderung und um den sicheren und souveränen Umgang in sich verändernden Situationen.

Ich fliege seit 1990 und habe auch die Nationalmannschaften der Deutschen Drachen-, Gleitschirm- und Segelflieger im mentalen Bereich trainiert. Ein Workshop hieß zum Beispiel: „Erfolg durch zielorientiertes Denken und Handeln".

Es ist erstaunlich, wie diese Weltmeister und Weltrekordflieger denken und handeln – und was Sie davon zum Thema Veränderung lernen können.

Ein Gleitschirmflieger weiß zum Beispiel schon vor dem Start, dass es turbulent werden kann und wird. Er hat sich im Vorfeld mit dem Wetter und den Winden beschäftigt und hat so schon eine Vorahnung bezüglich der Aufwinde und der Stärke der Thermik – und damit auch der Stärke der Turbulenzen. Gleitschirmflieger finden es gerade faszinierend, dass es auf und ab geht. Sie rechnen damit, dass es Veränderungen oder Turbulenzen geben wird – und das tun viele Menschen im Alltag leider nicht. Wir sind oft völlig überrascht, dass es turbulent in unserem Leben zugeht – selbst wenn es noch so kleine Veränderungen sind.

Gehen Sie bitte nicht davon aus, dass Ihr Berufsalltag in den nächsten Jahren gemütlich und geruhsam wird. Die Komplexität und die Häufigkeit der Veränderungen werden eher zunehmen.

Plant ein Gleitschirmflieger einen Streckenflug – und da sprechen wir von über 100 km ohne Motor –, dann hat er ein klares Ziel. Um dieses Ziel zu erreichen, macht er sich mehr als einen Plan: Wie könnte er fliegen, wo sollte Aufwind sein, wie entwickelt sich das Wetter usw. Dann trifft er sehr schnell Entscheidungen. Weltmeister treffen übrigens schneller Entscheidungen als andere Piloten.

Diese Entscheidung setzen die wirklich guten Piloten dann auch konsequent um. Die National-
mannschaftspiloten reflektieren sogar getroffene Entscheidungen, um ihr Ziel mit dem Plan, der
Entscheidung und der Realisierung abzugleichen – denn nur so können sie sich weiterentwickeln.
Auf Neudeutsch heißt das „Debriefing".

Überlegen Sie mal, wie lange Sie brauchen, um Entscheidungen zu fällen.
Wenn Sie diese 5 Schritte:

1. Ziele setzen
2. Planen
3. Entscheidungen treffen
4. Umsetzen/Realisieren
5. Reflektieren/Kontrollieren

auf Ihren persönlichen Umgang mit Veränderungen umsetzen, sind Sie plötzlich wieder Herr
der Lage und sind aktiv.

In vielen Unternehmen erlebe ich leider genau das Gegenteil. Oft haben die Unternehmen kein
Ziel, es ist den Betroffenen zumindest nicht bekannt. Vor lauter Zeitdruck wird nicht geplant,
stattdessen wird planlos angefangen.

Häufig landen wir dann im Entscheidungsstau – noch schlimmer als der Stau auf den Autobahnen. Da geht oft nichts voran. Wenn dann doch mal eine Entscheidung getroffen wurde, heißt das aber noch lange nicht, dass diese umgesetzt wird. Und die Zeit der Reflexion und der Kontrolle gönnt sich auch keiner.

Wie um alles in der Welt wollen Sie unter solchen Umständen lernen und sich für die nächsten Veränderungsprojekte besser aufstellen, wenn nicht reflektiert wurde, was dabei gut und was schlecht gelaufen ist?

Schärfen Sie Ihre Sinne – machen Sie es wie die Weltmeisterpiloten. Je aktiver Sie sind, desto sicherer pilotieren Sie durch Ihre Veränderungssituation. Im Folgenden möchte ich Ihnen noch verraten, was Sie während der fünf Schritte des Kreislaufes von erfolgreichem Handeln – auch Managementprozess genannt – beachten sollten:

Der Management-prozess

1. Zielsetzung
2. Planung
3. Entscheidung
4. Realisierung
5. Kontrolle

DER MANAGEMENTPROZESS

1. Zielsetzung:

» Ziele formulieren und strukturieren
» Ziele vorgeben bzw. vereinbaren
» Aufgaben delegieren bzw. zuordnen
» Verantwortungen und Befugnisse regeln
» Hintergrund- bzw. Vorinformationen geben

2. Planung:

» Planungsteams bilden und ggf. leiten
» Planungsarbeiten initiieren und koordinieren
» Ideenvielfalt fördern und Impulse geben
» Kreativitätsmethoden/-techniken einführen
» Ergebnisse dokumentieren und präsentieren

3. Entscheidung:

» Entscheidungsbedarf und Entscheidungsreife erkennen

- » Lösungsvorschläge anfordern bzw. weiterverfolgen
- » Beschlussgremien einberufen und moderieren
- » Entscheidungen herbeiführen oder ggf. selber treffen
- » Entscheidungsergebnisse notieren und bekannt geben

4. Realisierung:

- » Arbeiten anordnen und koordinieren
- » Termine, Personal und Sachmittel zuweisen
- » Arbeitsabläufe steuern und überwachen
- » Mitarbeiter motivieren und unterstützen
- » Ablaufstörungen und Konflikte beseitigen

5. Kontrolle:

- » Kontrollarbeiten organisieren und anordnen
- » Kontrollmethoden und -mittel auswählen
- » Fehlertendenzen erkennbar machen
- » Kontrollergebnisse bekannt geben
- » Fehlerbeseitigung initiieren und verfolgen

Überlegen Sie sich doch mal Folgendes:

» Wie sehen die fünf Schritte des Managementprozesses bei Ihnen im Unternehmen aus?

» Was ist gut und funktioniert?

» Was findet womöglich gar nicht statt oder funktioniert nur sehr bedingt?

» Warum ist dies so?

» Woran fehlt es?

» Was würde Ihnen und dem Unternehmen helfen?

» Was hält Sie davon ab, dies umzusetzen?

» Was werden Sie konkret tun, um dies zu optimieren?

Der Begriff „Kontrolle" ist im deutschen Sprachgebrauch leider oft ausschließlich negativ besetzt. Viele Führungskräfte schrecken aus kooperativen und kollegialen Gründen vor Kontrolle zurück, dabei ist diese so wichtig und gerade für die Weiterentwicklung und für das Lernen in Veränderungssituationen entscheidend. Wie aber sollte diese Kontrolle aussehen?

GRUNDREGELN MOTIVIERENDER MITARBEITERKONTROLLE

Bei Beachtung der nachstehenden Regeln kann Kontrolle als etwas Hilfreiches und Selbstverständliches erlebt werden und statt zu frustrieren sogar motivierend wirken.

Regel 1: Geeignete Kontrollart wählen

Es gibt zahlreiche Kontrollmöglichkeiten. Nutzen Sie Auswahlmöglichkeiten und kontrollieren Sie situativ, d.h. der Aufgabe angemessen und nicht stereotyp.

Regel 2: Kontrolle rechtzeitig vereinbaren

Überraschende Kontrollen geben den Mitarbeitern das Gefühl, sie sollen ertappt werden, und beeinträchtigen so das Vertrauensverhältnis. Sie wirken auf Dauer verunsichernd, was die Fehlerhäufigkeit sogar steigern kann.

Regel 3: Kontrolle begründen und erklären

Nur wenn das Kontrollverfahren angekündigt und offen (transparent) ist, können Mitarbeiter das Verfahren als gerecht empfinden und es akzeptieren.

Regel 4: Nur Wichtiges kontrollieren

Kontrolle sollte stets angemessen und keine Prinzipienreiterei sein. Wer sich selbstständig handelnde und risikobereite Mitarbeiter wünscht, muss selbst bereit sein, vertretbare Risiken einzugehen und Mut zur Lücke zu beweisen.

Regel 5: Nicht nur nach Fehlern suchen

Mitarbeiter dürfen nicht den Eindruck gewinnen, es sollen ihnen nur ihre Fehler nachgewiesen werden. Vielmehr sollten auch Ergebnisse normaler Güte den Kontrollierten mitgeteilt und überdurchschnittlich gute ausdrücklich anerkannt werden.

Regel 6: Konstruktive Fehlerkultur schaffen

Niemand ist unfehlbar. Sie sollten Fehler nicht dramatisieren, sondern sie als zwar bedauerliche, aber natürliche, menschliche Unzulänglichkeiten sehen. Fehler sind Chancen zum Erfahrungsgewinn sowie zur Qualitätsverbesserung.

Kontrolle sollte nicht vorrangig der Fehlersuche, sondern der Erfolgsbestätigung dienen.

„Der eine wartet,
dass die Zeit sich wandelt,
der andere packt sie kräftig
an und handelt."

DANTE ALIGHIERI

WARUM HABEN MENSCHEN OFT ANGST VOR VERÄNDERUNGEN?

Angst ist eine der größten Blockaden, die Menschen passieren können. Angst lähmt, Angst hemmt, Angst macht einfach keinen Spaß. Die Frage ist daher wichtig: Was macht Angst bei Veränderungen?

Eine Konstanz bringt Sicherheit, denn das Bekannte und Aktuelle kennen wir und sind damit vertraut. Auch wenn es noch so unangenehm oder unschön ist – Sie kennen es eben. Oft wird diese Situation auch mit „Hassliebe" betitelt. Diese Ihnen bekannte Situation ist vertraut. Kommt nun eine Veränderung, sind Sie meist noch im Unklaren darüber, wie die neue Situation aussehen wird, ob Sie damit klarkommen und was das denn nun konkret für Sie bedeutet. In nahezu allen Fällen der Veränderung haben Sie keine absolute Klarheit über den neuen Zustand – zumindest nicht in allen Details. Es sei denn, es ist eine Rückwärts-Veränderung in einen alten Zustand. Wobei dieser streng genommen nie mit dem alten identisch sein kann. Das heißt: Es gibt zunächst eine Unsicherheit über den kommenden Zustand, denn Ihnen fehlen die Erfahrungswerte.

Eine typische Situation, die Gleitschirmflieger an Startplätzen erleben, ist folgende: Interessierte Wanderer sehen die Piloten bei der Vorbereitung und stellen neugierige Fragen. Eine häufig gestellte Frage ist, ob man denn dabei keine Angst habe – der fragende Fußgänger würde sich so was nie trauen. Ist ja auch klar, es wäre schließlich für ihn eine sehr unbekannte Situation. Er weiß nicht, ob und wie man so einen Gleitschirm steuern kann – es fehlt dem Fußgänger an Erfahrungswerten.

Der Gleitschirmflieger dagegen kennt die Situation und weiß, was er zu tun hat, denn er hat es ja in einer hoffentlich guten Flugschule gelernt. Er hat also normalerweise keine Angst, höchstens Respekt vor der Natur und der Luftsportart – wobei ihm auch das eher mehr Sicherheit einbringt, denn dann fliegt er konzentrierter.

Während Veränderungen im „normalen" Leben ist es ähnlich: Stehen Sie vor einer neuen Situation, so fehlt Ihnen der Erfahrungswert, also wie Sie mit einer solchen Situation umgehen können und sollen.

Menschen, die in ihrer Kindheit oft umgezogen sind, weil beispielsweise die Eltern berufsbedingt oft den Wohnort gewechselt haben, tun sich mit Mobilität und Wohnortänderungen leichter als Menschen, die immer am gleichen Ort gelebt haben. Die Umzugserprobten lernten früh, wie es ist, sich immer wieder in einem neuen Umfeld einzuleben, neue Kontakte aufzubauen, sich in der neuen Situation zurechtzufinden.

Diese Erfahrung verhindert die Unsicherheit und Angst vor neuen Situationen. Wenn es bei Ihnen also zu einer Veränderung kommt, bei der noch nicht klar ist, wie die kommende Situation für Sie sein wird und was es dort zu tun gibt, dann entstehen Angst und Blockaden. Ein Grund kann aber auch sein, dass Sie diese Situation schon aus der Vergangenheit kennen, aber damit nur negative Erfahrungen gemacht haben und keine alternativen Verhaltensweisen kennen. So rechnen Sie natürlich damit, dass dieser bereits erlebte negative Zustand wiederkehrt.

Kennen Sie vielleicht folgende Situation von Ihrem Arbeitsplatz: Ein neues Top-Management kommt oder externe Unternehmensberater in schicken grauen Anzügen werden ins Unternehmen geholt – und schon werden bei Ihnen die damit verbundenen Erfahrungen als Kopfkino abgespielt?

In meinen Seminaren fordere ich die Teilnehmer immer auf, in die sogenannte „Helikopter-Perspektive" zu gehen und sich zu reflektieren. Versuchen Sie sich gedanklich in einen Helikopter zu versetzen, der quasi im Raum über Ihnen schwebt und es Ihnen ermöglicht, diesen Zustand von oben oder außen zu reflektieren. So gewinnen Sie Abstand zu Ihrem eigenen Verhalten und Zustand. Dabei entstehen neue Handlungsalternativen. Denn das Grundproblem ist häufig: Je emotionaler Sie in einer Situation gefangen sind, desto schwieriger wird es, in den Helikopter zu kommen. Das Stammhirn – das Sie vorher schon kennengelernt haben, Sie erinnern sich: totstellen, flüchten, kämpfen – hat das Ruder übernommen und das Großhirn entmachtet. Das Großhirn benötigen Sie jedoch, wenn Sie reflektieren möchten. Diese Helikopter-Perspektive macht es Ihnen möglich, die Veränderung bewusster zu erleben, konkreter zu reflektieren um dann natürlich bessere Entscheidungen zu treffen.

Also rein in den Helikopter und „ready for take-off!"

Zusammengefasst möchte ich Ihnen Folgendes mit auf den Weg geben: Menschen erleben immer dann Angst, wenn unbekannte Situationen bevorstehen (oder sie diese zumindest erahnen) und ihnen keine passenden Handlungsempfehlungen zur Verfügung stehen. Zuversicht, Optimismus und ein pragmatischer anpackender Wille helfen hier natürlich ungemein. Die Angststarre – wie das Kaninchen vor der Schlange – bringt niemanden weiter. Also: Seien Sie ruhig optimistisch und packen Sie an. Jammern gilt nicht (zumindest nicht langfristig)! Seien Sie aktiv und gestalten Sie den Veränderungsprozess mit. Mischen Sie sich in die Gespräche und Diskussionen ein.

Raus aus der Komfortzone – rein in die Veränderung.

EMOTIONAL ACHTERBAHN FAHREN

DIE VERÄNDERUNGSKURVE

Hiermit lade ich Sie zu einer emotionalen Achterbahnfahrt ein. Es gibt doch sicher eine Veränderungssituation in Ihrem bisherigen Leben, die Sie als schwierig oder gar existenzbedrohend empfunden haben? Versetzen Sie sich noch einmal für einen Augenblick in Ihr damaliges Ich hinein und erinnern Sie sich daran, was Sie damals gefühlt haben.

Spielte Ihr Magen verrückt? War Ihnen vor Aufregung ganz schlecht? Die wichtigste Frage dabei ist aber: Wie kommen Sie überhaupt in eine solch emotionale Achterbahn? Haben Sie das Ticket selbst gelöst und finden Achterbahnfahren womöglich sogar richtig klasse oder hat Ihnen jemand das Ticket gekauft, Sie gar nicht gefragt und Ihnen dann auch noch die Augen verbunden? Die Frage: „Wer hat eigentlich das Ticket gekauft?", ist eine äußerst zentrale Frage.

Denken Sie nochmals kurz an den Tennisprofi, der mittels SMS mit seiner Lebenspartnerin Schluss gemacht hat. In diesem Falle hat er ihr das Ticket gekauft – und das ungefragt.

Denken Sie an Veränderungen in Ihrem Arbeitsumfeld: Welche Veränderungen haben Sie selbst initiiert oder mitgestaltet – haben das Ticket also selbst gekauft? Und welche Veränderungen haben Sie regelrecht auf dem falschen Fuß erwischt und Sie ungefragt in die Achterbahn geschubst?

So eine emotionale Achterbahnfahrt bei Veränderungen läuft meistens in ähnlichen Phasen ab

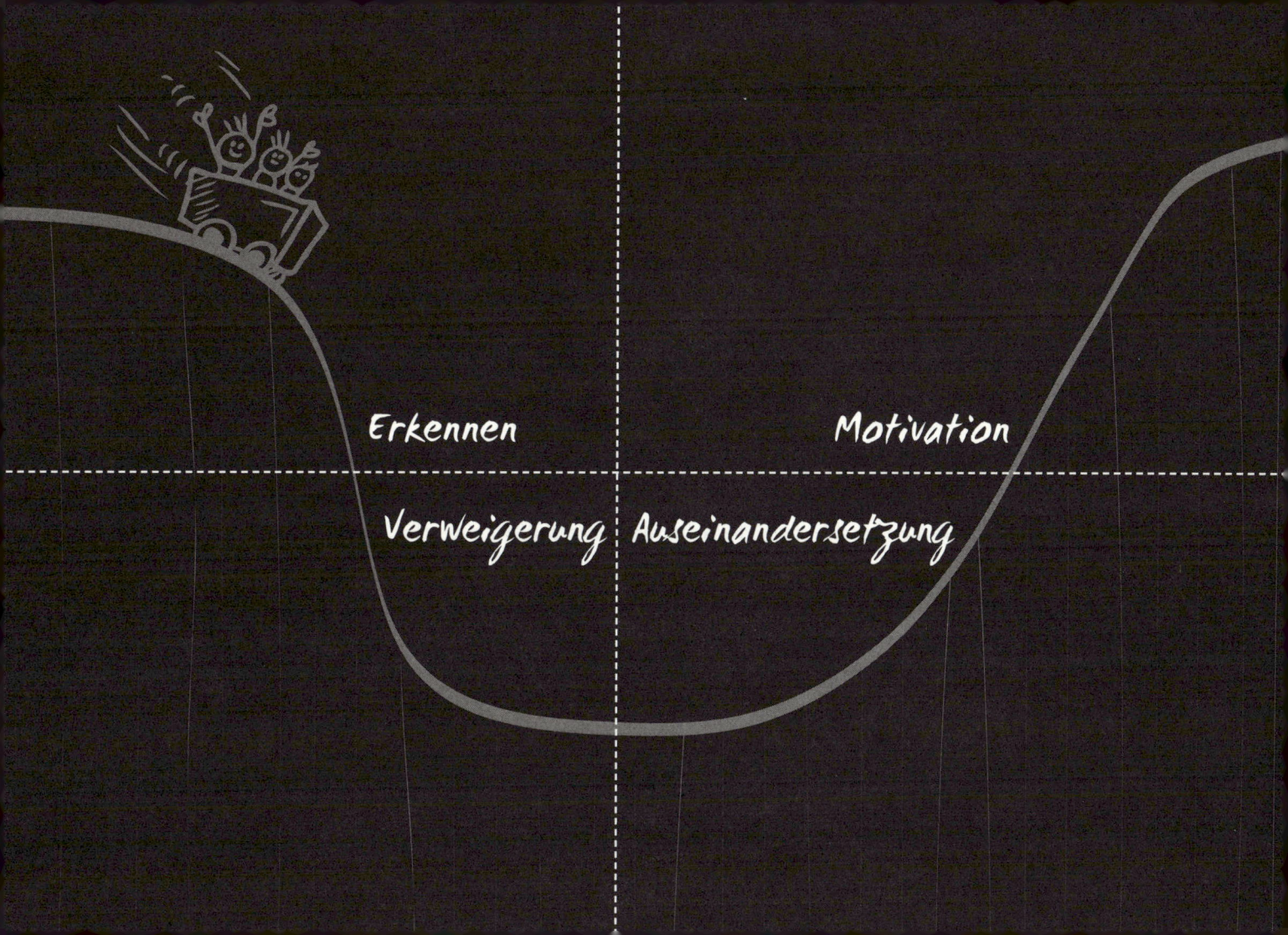

und ist mal mehr, mal weniger intensiv. Ich gebe Ihnen gern ein gutes Beispiel aus einem meiner Projekte:

In einem Unternehmen, das stark dem Wettbewerb ausgesetzt war, sollten Arbeitsabläufe zunehmend automatisiert werden, um konkurrenzfähiger zu werden und Kosten zu reduzieren. Die Mitarbeiter wussten zwar von der aktuellen Wettbewerbssituation, waren aber davon nicht direkt betroffen. Die Führungskräfte und das Management wollten aber mehr Automation durch neue Technologien erreichen. Wie genau das aussehen sollte, war zu Beginn des Projektes noch gar nicht klar.

Was passiert dann typischerweise?

Erste Gerüchte tauchten auf, Tatsachen zeichneten sich ab, Informationen sickerten durch usw. Und schon beschleunigte die Achterbahn ihre Talfahrt und nahm Schwung auf.

Diese **Erste Phase** in der Achterbahn heißt: Phase des **Erkennens**.

Je nach Veränderung kann dies an einen freien Fall erinnern. Plötzliche Todesfälle im persönlichen Umfeld sind Beispiele für den freien Fall – also Veränderungen, mit denen Sie nicht gerechnet haben, die große Auswirkungen haben und vor allem endgültig sind.

Für andere ist z. B. die Information, dass die Firma finanziell schlecht dasteht, ein Grund, um in die Veränderungskurve einzusteigen, weil sie sich Sorgen um ihren Arbeitsplatz machen.

Tauchen Informationen auf, gibt es Fakten oder andere Tatsachen, von denen Sie nichts wussten, so beginnt die Veränderungskurve – und dies meist mit einer emotionalen Talfahrt.

Um auf das Automations-Beispiel zurückzukommen: Viele Mitarbeiterinnen und Mitarbeiter hatten den Begriff „Automation" mit „Kündigung" und „Arbeitsplatzabbau" gleichgesetzt. Sie können sich vorstellen, wie die Achterbahn je nach Alter und Mobilität des betreffenden Mitarbeiters richtig in Schwung gekommen ist. Wir Menschen tendieren dazu, schnell das Negative zu identifizieren und als gegeben anzusehen. In diesem Fall wollte aber das Management die freigewordenen Kapazitäten der Mitarbeiter für neue Aufgabengebiete und Unternehmensbereiche nutzen – ein Arbeitsplatzabbau war also nie geplant. Leider wurde aber diese Information nicht an die Mitarbeiter weitergegeben.

Haben Sie Spaß an einem kleinen Test? Wenn ja, lade ich Sie jetzt zu einem spannenden Experiment ein:

Sicherlich haben Sie in Ihrer Familie – wie wahrscheinlich über 90% der Haushalte – einen festen Platz am Esstisch. Setzen Sie sich doch beim nächsten gemeinsamen Essen einfach an einen anderen Platz und beobachten Sie aufmerksam die zu erwartenden Reaktionen und Verwirrungen.

Sicherlich haben Sie gerade schon die Gesichtsausdrücke und Kommentare im Kopf, oder?

Typische Reaktionen sind so Aussagen wie:
» Das ist mein Platz, warum sitzt du da?
» He, was soll das?
» Wieso sitzt du nicht auf deinem Platz?

Nach diesen ersten überraschten Reaktionen werden die meisten sich dazu überreden lassen, dass heute in dieser Konstellation gegessen wird. Während des Essens werden sie dann feststellen, dass sie das Esszimmer aus dieser Perspektive ja noch gar nicht kennen, dass sie einen ganz anderen Blickwinkel eingenommen haben und so weiter. Am Ende des Essens wird jedoch häufig der Kommentar kommen: „Aber morgen wieder wie immer oder?" Schicken Sie Ihre Lebenspartner und Ihre Familie gerne einmal in diese kleine Achterbahn, nur Vorsicht: Sie kann starke Reaktionen hervorrufen. Viel Spaß dabei! Sollten wir uns einmal in einem Workshop persönlich kennenlernen, müssen Sie mir unbedingt von Ihrem Experiment berichten!

Zurück zur Veränderungskurve: Viele Betroffene wollen Veränderungen anfangs nicht wahrhaben, verleugnen die neue Situation, gehen teilweise in eine Art Angststarre, sehnen sich nach der guten alten Zeit zurück und versuchen der Situation durch Flucht zu entkommen. Andere haben sich in das eigene Schneckenhaus verkrochen, wieder andere gehen auf die Barrikaden.

Diese **zweite Phase** der Veränderungskurve nenne ich: Phase der **Verweigerung** oder des **Widerstandes**.

Hier kommt wieder unser gutes altes Stammhirn zum Zuge und auf einmal haben wir nur noch die Wahl zwischen: totstellen, flüchten oder kämpfen.

Aber: Dieses Stammhirn-Verhalten bringt uns letztlich nicht weiter. Trotzdem ist die Phase der Verweigerung oder des Widerstandes eine wichtige im Veränderungsprozess. Denn sie ermöglicht uns, Abschied zu nehmen, unsere Emotionen zu ergründen und zu verarbeiten.

In der Trauerarbeit – aus der die Veränderungskurve ursprünglich stammt – nennt man das „Trauerphase". In dieser Phase wird gejammert, geweint, wir sind sauer, verärgert und die Situation nervt total. Häufig schließen sich dann regelrechte Jammerzirkel aus Menschen zusammen, die etwas verbindet. In Unternehmen ist dies dann oft ein gemeinsamer Feind: das Management.

In diesen Koalitionen wird die Stimmung dann oft wieder besser. Wenn Sie schon einmal bei einer Beerdigung mit Leichenschmaus waren, dann kennen Sie vielleicht diese skurril positive Stimmung, die dort herrscht. Geteiltes Leid ist eben halbes Leid und ein bisschen Galgenhumor hebt auch die Laune.

Aber Achtung: Aussagen wie: „Das Leben geht weiter" oder: „Andere Mütter haben auch schöne Töchter" finden die Betroffenen in dieser Phase völlig daneben und bescheuert.

Die Phase der Verweigerung oder des Widerstandes ist wichtig, um sich einfach mal – umgangssprachlich formuliert – auszukotzen. Hier ist die Achterbahn am tiefsten Punkt angekommen.

In dem Projekt mit der Automation hatten sich die Mitarbeiter in Raucherecken und in der Kaffeeküche regelrecht zusammengerottet. Kaum einer hatte den aktiven Dialog mit den Chefs gesucht – man hatte ja die Vorahnung, dass die eh nicht mit der Wahrheit rausrücken würden. Wir haben dann einen Workshop mit allen Beteiligten durchgeführt, um ein Gesprächsplenum zu schaffen. Klarheit und Transparenz waren gefragt und die Mitarbeiter sollten auch ihre Ängste und Sorgen äußern können. Das Projekt wurde während des Workshops von den Verantwortlichen erklärt, Aktionspläne beschrieben und die Mitarbeiter mit eingebunden. Veränderungen in der Veränderung waren dadurch machbar. So konnten die Mitarbeiterinnen und Mitarbeiter noch Details mitentscheiden. Ein weiteres Plus dieser Vorgehensweise war, dass sie sich dadurch intensiver mit den Auswirkungen der Veränderung auseinandersetzten.

Sie können sich vorstellen, dass in solchen Workshops die Stimmung zu Beginn durchaus angespannt ist. Als externer Moderator ist es dann meine Aufgabe, solche Situationen zu kanalisieren und zu lenken. Bisher hat es in keinem Workshop richtig geknallt – ganz im Gegenteil. Die Mitarbeiter waren dankbar, dass sie sich endlich auch einmal äußern durften. Und die Führungskräfte konnten Rede und Antwort stehen. Danach war die Stimmung stets besser, denn das Ziel wurde klarer und die Betroffenen fühlten sich an dem Prozess beteiligt. Im Schwäbischen gibt es die schöne Aussage: „schwätza mit de Leut!" – und genau das mache ich in diesen Workshops. Denn: Was den Mitarbeitern häufig während Veränderungen fehlt, sind Wertschätzung und Respekt – gerade vonseiten der Führungskräfte.

Danach schauten die Mitarbeiter in dem Projekt wieder nach vorne und nach oben. Damit kamen wir in die **dritte Phase** der Veränderungsachterbahn: die Phase der **Auseinandersetzung**.

Hier setzen wir uns wieder aktiv mit der neuen, aber auch mit der alten Situation auseinander und das Denken fängt erneut an. Das klingt komisch, aber in der Phase der Verweigerung wird nicht viel gedacht, sondern eher getrauert. Je mehr Sie sich mit der neuen Situation und den Konsequenzen für sich, Ihr Team, Ihre Kollegen oder Ihre Familie auseinandersetzen, desto klarer wird für Sie, was die neue Situation bedeutet und wie sich diese gegebenenfalls noch gestalten kann. In Unternehmen ist es natürlich vorteilhaft, wenn Sie früh auf den neuen Zug aufspringen, denn dann können Sie noch aktiv mitgestalten und gegebenenfalls kleinere Optimierungen anstoßen. Die Aussage: „Andere Mütter haben auch schöne Töchter" schmeckt plötzlich wieder besser. Nach Beziehungscrashs ist man beispielsweise wieder offen für Neues.

In meinem Automationsbeispiel ist mein Workshop im Grunde die Brücke zwischen Phase 2: *Verweigerung und Widerstand* und Phase 3: *Auseinandersetzung*. Die Betroffenen konnten ihre Bedenken äußern, aber auch Hoffnungen, Chancen und Herausforderungen diskutieren und konkrete Schritte vereinbaren. Die Stimmung ist danach immer deutlich besser – und das nicht nur kurzfristig, sondern auch nachhaltig.

In der Psychologie gibt es die Aussage: „Störungen haben Vorrang". Das gilt auch bei Veränderungen. Versuchen Sie bitte nicht, wie ein Panzer über die Bedenken und Ängste Ihrer Mitarbeiter drüberzufahren, sondern nehmen Sie sich der Mitarbeiter an. Hören Sie aktiv zu und schaffen Sie eine Plattform für Kommunikation. Wie häufig wird mir von Mitarbeitern berichtet, wie arrogant und überheblich sich Führungskräfte verhalten (zumindest werden sie so von den Mitarbeitern wahrgenommen). Machen Sie es bitte besser!

Die **vierte und letzte Phase** der Veränderungskurve nenne ich: Phase der **Motivation** und **Aktivität**. Die Achterbahn ist schön nach oben gefahren, Sie sind durch das Tal der Tränen durch und ein Handeln ist wieder möglich. Sie haben die Veränderung gemeistert.

Natürlich nur so lange, bis die nächste Veränderung startet, bis das nächste Ticket für die Veränderungsachterbahn – von wem auch immer – gekauft wird.

Im genannten Automations-Beispiel wurde konkret an der Umsetzung der Veränderung gearbeitet – die Mitarbeiter etablierten die neuen Abläufe und Technologien und entdeckten die Chancen der Veränderung. Diese Phase war sehr positiv, weil die Mitarbeiter wieder aktiv waren (und sind) und nicht den alten Zeiten nachhingen. Der Blick war nach vorne gerichtet.

Dieser Verlauf der Achterbahn ist der Klassiker – und hat eine Form, die einer nach unten gerichteten Parabel gleicht. Je nach Art der Veränderung und je nachdem, wie Sie davon betroffen sind, kann das Gefälle der Achterbahn auch richtig steil sein oder gar einem freien Fall gleichen, beispielsweise bei einem plötzlichen Todesfall. In anderen Fällen beginnt die Achterbahn schon im negativen Bereich und wir sind vielleicht froh, dass sich endlich etwas verändert.

Ich kenne auch zahlreiche Fälle, da haben die Mitarbeiter eine Veränderung sehnsüchtig herbeigewünscht und wollten den Status quo gekippt sehen. Da kamen dann so Aussagen wie: „Jetzt haben die Manager es endlich kapiert!" Es gibt also auch viele Fälle, da lautet die Aussage: „Change ist cool!"

Sie befinden sich selbst immer wieder in Achterbahnen, kleine und große Achterbahnen begleiten Sie durchs tägliche Leben. Auf Bahnhöfen können Sie ganze Achterbahn-Geschwader antreffen, wenn die Durchsage ertönt, dass der angekündigte verspätete Zug nun ganz ausfällt. Oder wenn Ihnen Ihre Führungskraft mitteilt, dass sie Ihren bereits genehmigten Urlaubsantrag wieder zurückziehen muss. Oder Sie eröffnen Ihrem Kind, dass es heute kein Sandmännchen schauen darf.

So werden Sie in die Achterbahn geschickt oder Sie schicken andere hinein – ohne dass Ihnen das vielleicht bewusst ist.

Es gibt natürlich sehr unterschiedliche Formen der Achterbahn. Wie in den drei Grafiken dargestellt, kann es im ersten Beispiel zu einer sehr heftigen Veränderung kommen, die einem regelrecht den Fußboden durchschlägt, wie bei Todesfällen oder bei unerwarteten Kündigungen. Im mittleren Verlauf freuen sich die Betroffenen womöglich über die Veränderung – es kann quasi nur noch bergauf gehen. Die rechte Darstellung zeigt die Kurve von Optimisten oder von Personen, die über

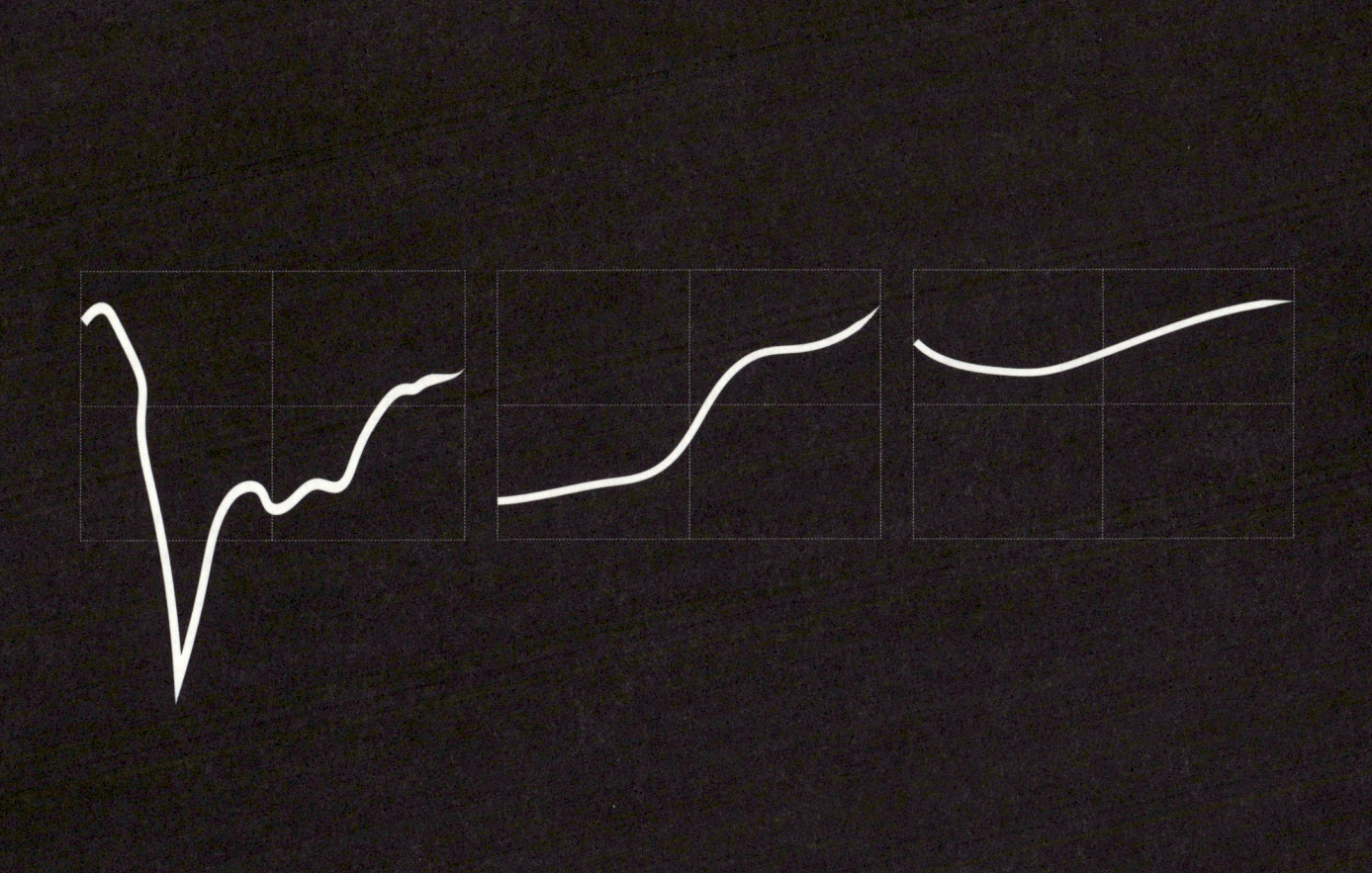

sehr viel positive Erfahrung bei Veränderungen verfügen.

Wichtig ist, dass Sie sich selbst im Klaren darüber sind, dass Sie in der Achterbahn sitzen. Wenn Sie also merken, dass Sie gerade emotional durchgeschüttelt werden, dann gilt es, schnell die Orientierung zu bekommen, damit Sie in die dritte Phase der Auseinandersetzung kommen können. Die bereits erwähnte Helikopter-Perspektive ist dabei ebenfalls sehr hilfreich.

Wenn Sie feststellen, dass ein Kollege, Freund oder Partner in der Achterbahn sitzt und nicht weiterweiß, dann hören Sie ihm oder ihr erstmal aufmerksam zu. Der Betroffene muss erst einmal seinen Frust und seine Angst loswerden, bevor es wieder bergauf gehen kann. Erst dann können Sie ihn in „nach vorne gerichtete Gespräche" verwickeln, in denen er oder sie sich mit der neuen Situation konfrontiert und reflektiert.

In Unternehmen erlebe ich leider häufig Führungskräfte, die für sich selbst schon längst durch die Veränderung durch sind – denn sie haben ja oft die Achterbahn eigenhändig konstruiert, finanziert und gebaut. Sie stehen dann manches Mal schon am Ausstieg und wundern sich, dass die Mitarbeiter sich so komisch anstellen. Vielleicht wussten diese eben nichts von der Achterbahn, finden Achterbahnfahren generell doof oder ihr Magen spielt schnell verrückt.

Bitte seien Sie sich im Klaren darüber, dass Sie als Führungskraft grundsätzlich einen anderen Informationslevel als Ihre Mitarbeiter haben. Manchmal ist er besser, weil Ihnen aufgrund Ihrer Hierarchie zusätzliche Informationen zur Verfügung stehen. Manches Mal ist er aber auch schlechter, weil die Informationen von unten nicht bis zu Ihnen nach oben vordringen. Hierarchiestufen können erstaunlich gute Filter sein.

Wenn beispielsweise an der Basis ein richtig großes Problem vorhanden ist, berichten die Teamleiter von „Herausforderungen", der Abteilungsleiter redet von „sportlichen Aufgabenstellungen" und der Bereichsleiter erzählt im Vorstandsmeeting, dass die Mannschaft einen „guten Team- und Sportsgeist" hat.

Bedenken Sie: Jeder Mensch sitzt in seiner eigenen Achterbahn und die Achterbahnen verlaufen nicht parallel und nicht synchron. Diese Erkenntnis ist sehr wichtig, wenn Sie sich und andere Personen während Veränderungen reflektieren.

Überlegen Sie sich doch mal Folgendes:

» Wann waren Sie das letzte Mal in einer Veränderungskurve oder Achterbahn?

» Welches war wohl Ihre heftigste Achterbahnfahrt – beruflich und privat?

» Wie erging es Ihnen dabei?

» Was hätten Sie sich im Nachhinein gewünscht?

» Was würden Sie beim nächsten Mal anders machen wollen?

» Wann haben Sie das letzte Mal eine andere Person in die Achterbahn geschickt?

» Wie hat die Person reagiert?

DIE GEFÜHLTE TEMPERATUR
WÄHREND VERÄNDERUNGEN

Im Wetterbericht gibt es seit jeher den Begriff „gefühlte Temperatur". Er beschreibt die extremere Empfindung von realen Temperaturen. So sind kühle Temperaturen oft gefühlt kälter und warme Temperaturen oft gefühlt heißer. Bei Veränderungen können wir die gefühlte Temperatur häufig mit der gefühlten Dramatik vergleichen. Denn meistens empfinden die Betroffenen die Veränderungen viel extremer und heftiger, als es Außenstehende beurteilen. Gerade Sie als Führungskraft müssen hier aufpassen, dass Sie Situationen nicht verniedlichen oder verharmlosen. Die gefühlte Temperatur ist bei den Betroffenen oft eine andere, als von außen anzunehmen wäre.

Change ist meist nicht so schlimm, wie er sich anfühlt oder wie man befürchtet. Sie selbst sind schon durch zahlreiche Veränderungen gegangen – viele erschienen Ihnen vielleicht anfangs unmachbar, schlimm oder gar katastrophal.

Blicken Sie doch einmal zurück: Wie betrachten Sie diese Veränderungen heute? Viele werden Ihnen lächerlich vorkommen. Für viele Veränderungen sind Sie im Nachhinein vielleicht sogar dankbar, weil sie Sie weitergebracht haben. Ich kenne einige Personen, die nach Kündigungen – und der damit verbundenen steilen Achterbahnfahrt nach unten – regelrecht nach oben geschossen und im Nachhinein sehr dankbar für die Veränderung sind.

Stecken Sie nicht den Kopf in den Sand – das macht der Vogel Strauß besser als Sie.

Packen Sie Veränderungen stattdessen proaktiv an. Denken Sie an die dritte Phase der Veränderungsachterbahn, das ist die wichtigste: die Phase der Auseinandersetzung.

Das heißt: die Veränderung durchdenken, kommunizieren und sich überlegen, wie Sie aktiv an ihr mitgestalten können. Übernehmen Sie die Verantwortung – oder wollen Sie inaktiver Spielball anderer bleiben?

Seien Sie lieber aktiver Pilot in der Veränderung. Und wenn es mal turbulent wird, versuchen Sie sich klarzumachen, dass eben genau dies das Leben doch erst spannend macht.

VON FÜHRUNGSKRÄFTEN UND VORGESETZTEN

Was unterscheidet eine Führungskraft von einem Vorgesetzten? Ich will hier ketzerisch sein: Ein Vorgesetzter wird dem Mitarbeiter vorgesetzt – er sitzt dem Mitarbeiter regelrecht im Weg. Eine Führungskraft dagegen hat Dynamik, Elan und Energie – Kraft eben. In vielen Unternehmen erlebe ich träge und monotone Vorgesetzte, die dann auch gerne „JahresbeURTEILUNGsgespräche" führen, während in anderen Unternehmen Führungskräfte „Zielvereinbarungsgespräche" führen. Entscheiden Sie selbst, welchen Chef Sie bevorzugen würden.

In Veränderungsprojekten ist die Führungskraft als Schlüsselfigur dafür verantwortlich, ob ein Veränderungsprojekt gelingt oder nicht.

In meinen Seminaren mache ich häufig eine kleine Umfrage. Eine Frage ist dabei stets: „Wird die Rolle der Führungskraft im Veränderungsmanagement wichtiger?" Nahezu 100 % bejahen diese Frage. Wenn man jedoch noch die Frage nachschiebt: „Welche Schulnote würden Sie denn dem aktuellen Veränderungsmanagement Ihres Unternehmens geben?", dann gibt es zusammenfassend eine wenig befriedigende „3 Minus".

Nehmen Sie also Zügel und Verantwortung in die Hand und seien Sie nicht Vorgesetzter. Seien Sie proaktive Führungskraft.

Die Wünsche der Mitarbeiter fokussieren sich laut meiner Umfragen stets auf folgende Aspekte:

» Die Mitarbeiter wollen informiert werden.

» Die Mitarbeiter möchten den Sinn und das Warum verstehen.

» Die Mitarbeiter wollen einen Plan haben, der Ihnen die nächsten (kleinen) Schritte aufzeigt.

» Die Mitarbeiter wollen in die Entscheidungsfindung miteinbezogen werden – wobei damit keine Basisdemokratie gemeint ist.

» Die Mitarbeiter wollen auch Raum für Bedenken haben – und dafür Gehör finden.

» Der letzte Punkt überrascht manche Führungskräfte: Die Mitarbeiter wünschen sich, dass nicht nur Entscheidungen getroffen werden, sondern auch, dass diese durchgezogen werden. Viele sind genervt und frustriert von Veränderungs-Aktionen, die dann doch wieder im Sande verlaufen.

Mitarbeiter reagieren sehr unterschiedlich auf Veränderung. Das hängt zum einen von der Veränderung und der daraus resultierenden Betroffenheit ab, zum anderen hat es mit dem Grundtypus zu tun.

Sicherlich haben Sie bereits im Laufe der Lektüre dieses Buches einige Ihrer Mitarbeiter vor dem geistigen Auge gehabt, richtig? Wie am Anfang des Buches schon erwähnt, möchte ich Ihnen gerne die Typen, die während Veränderungssituationen auftauchen, vorstellen.

DAS SIND TYPEN!

Weil jeder Mensch einzigartig ist, reagiert jeder in unterschiedlichen Veränderungssituationen anders. Denken Sie nur an die verschiedenen Szenarien, die Ihnen während des Lesens durch den Kopf gegangen sind, wie beendete Beziehungen, berufliche Veränderungen, private Wohnortwechsel oder was auch immer.

Je nach Situation, Betroffenheit und eigener Rolle erleben Sie diese je nach Lage unterschiedlich und reagieren deshalb auch verschieden.

Wenn Sie sich Veränderungen in Unternehmen anschauen, dann lassen sich verschiedene Veränderungstypen klassifizieren. Es ist wichtig, sich die beteiligten Personen genauer anzuschauen, denn nur so können Sie die Person kommunikativ erreichen und deren Bedarfe und Bedürfnisse verstehen.

VON VISIONÄREN, VORREITERN, AKTIVEN UNTER-STÜTZERN, ABWARTENDEN SKEPTIKERN, PASSIVEN BREMSERN UND AKTIVEN BLOCKERN

Wenn man die Verteilung der verschiedenen Typen grafisch darstellen würde, ergäbe sich eine Art Parabel. Je nach spezifischer Veränderung ist die Verteilung der Typen unterschiedlich – grundsätzlich sind dort jedoch sechs Grundtypen zu finden: die Visionäre, die Vorreiter, die aktiven Unterstützer, die abwartenden Skeptiker, die passiven Bremser und die aktiven Blocker. Ich möchte Ihnen die einzelnen Typen gerne etwas genauer beschreiben. Beginnen möchte ich mit denen, die die Veränderungen befürworten, um mich dann absteigend den Typen zuzuwenden, die gegen Veränderung sind.

Die Visionäre

Visionäre sind meist Verursacher von Veränderung. Alt-Bundeskanzler Helmut Schmidt wird das Bonmot zugesprochen: „Wer eine Visionen hat, der soll zum Arzt gehen!" Um Visionäre müssen Sie sich meist wenig sorgen, denn die haben oft den ersten Impuls geschaffen und das System aus der Stabilität gebracht. Vielleicht gehören Sie persönlich in ihrem Change-Projekt auch zu dieser Gruppe.

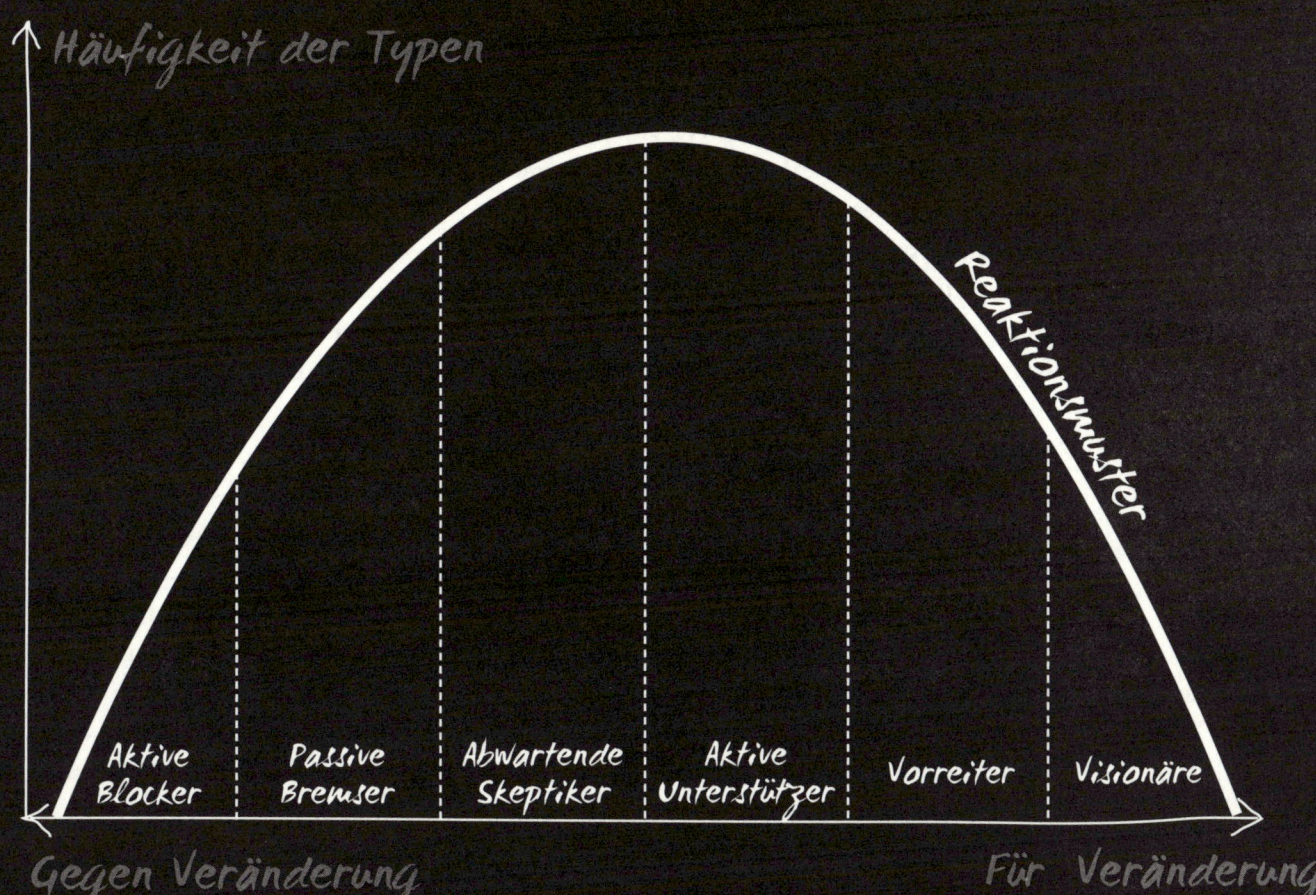

Der Grundcharakter einer Vision ist, dass sie recht unkonkret und nicht für alle Mitarbeiter im Unternehmen nachvollziehbar ist oder vielleicht zu blumig klingt. Die Gruppe der Visionäre braucht Unterstützung durch andere, um ihre Ideen tragfähig und marktreif zu machen. Dafür sollten diese möglichst viel Information und Kommunikation betreiben, denn nur so kann die Idee auf Nährboden fallen. Das heißt, Sie müssen regelrecht Werbung für Ihre Ideen machen, sollten aber in der Startphase gut überlegen, wen Sie einweihen. Oft werden innovative und revolutionäre Ideen kaputtgemacht, bevor sie verstanden wurden oder ausgereift waren. So kann es eine clevere Strategie sein, eine Idee im geheimen Kämmerchen noch weiter zu entwickeln, bevor Sie sie nach außen tragen. Diese geheimen Zirkel müssen aber auch wirklich dichthalten.

Die Vorreiter

Die zweite Gruppe sind die Vorreiter. Im Gegensatz zu den Visionären sind sie die ersten, die wirklich etwas machen und umsetzen. Die Visionäre sind oft nur verbal unterwegs, setzen aber nicht den ersten Fuß auf den neuen Boden. Der Begriff des Vorreiters stammt ursprünglich aus dem Militärischen. Dort wurden die Vorreiter im Kampf mit wehenden Fahnen vorausgeschickt, um ein Vorbild zu sein und die Richtung anzugeben. Sie sind und waren von ihrem Charakter her stolz und treu. Die Sterblichkeitswahrscheinlichkeit war allerdings auch – im Vergleich zu den Nachfolgenden – erhöht. Das alles brachte dem Vorreiter stets eine starke Symbolik ein – allein schon aufgrund der Fahnen und Rangabfolgen. Vorreiter sollten daher politisch wie diplomatisch fit sein, um im Wortgefecht bestehen zu können. Sind die Vorreiter auch Meinungsführer (offiziell oder inoffiziell), so unterstützt dies das Projektvorhaben.

Kennen Sie in Ihrem Unternehmen die typischen Meinungsführer? Die Themen positiv oder negativ bewerten, woraufhin viele dieser Meinung folgen? Genau diese Personen meine ich. Sie sind meist hierarchisch nicht hochstehend. Und genau deshalb werden sie oft unterschätzt. In dem von mir vorher beschriebenen Automationsprojekt waren vor allem Haustechniker oder Hausmeister die zentralen Stellhebel, ohne die fast nichts in Bewegung kam. Also denken Sie bei ihrem nächsten Change-Projekt genau nach, wer versteckte Meinungsführer und Entscheider sind. Ein Tipp von mir: Assistentinnen von Top-Managern gehören übrigens sehr sehr oft dazu.

Die aktiven Unterstützer

Die dritte Fraktion sind die aktiven Unterstützer. Diese treue Mannschaft ist sehr wichtig, um die kritische Masse an Menschen zu überzeugen, damit überhaupt eine Mehrheit für den Veränderungsprozess zustande kommt. Diese treuen Vasallen sind schnell dabei, wenn Sie sie um etwas bitten.

Die abwartenden Skeptiker

Die abwartenden Skeptiker als vierte Gruppe sind häufig eine große Fraktion.

Sie haben weder eine positive noch eine negative Meinung zur aktuellen Situation. Entweder haben sie sich noch keine gebildet, wollen oder können sich noch nicht festlegen oder es ist ihnen womöglich auch völlig egal. In manchen Situationen warten sie ab, wie sich die Lage entwickelt und bilden sich dann eine Meinung. Manche Fähnchen wollen noch nach der politischen Windrichtung Ausschau halten und herausfinden, welche Meinung denn nun am opportunsten ist. Die abwartenden Skeptiker können gegebenenfalls die kritische Masse sein, die das Ruder entweder in die eine oder andere Richtung rumreißt. Als Führungskraft sollten Sie also versuchen, diese für die Veränderung zu gewinnen.

Die passiven Bremser

Die nächste Gruppierung sind die passiven Bremser. Diese Fraktion erkläre ich in Seminaren immer gerne mit dem Bild des Hintermanns beim Schlittenfahren: Sie sind gemeinsam beim Rodeln. Sie sitzen vorne und der Hintermann hat einfach schon mal zur Sicherheit die Füße auf dem Boden. Und wenn Sie ihn fragen, ob und warum er bremse, dann erwidert er sofort, er bremse doch gar nicht.

Dieses leichte passive Bremsen lässt sich nicht offen dokumentieren oder gar beweisen, aber es nimmt schon mal den Schwung heraus. Der Bremser ist absprungbereit und kann auch in schwierigen Situationen sofort voll in die Eisen steigen. Sie sollten sich die Frage stellen, warum der passive Bremser bremst: Fehlen ihm Informationen? Fehlt ihm das Vertrauen in die Personen, die auf dem

Change-Schlitten vorne sitzen? Ist er schon einmal mit dem Schlitten böse gestürzt, überlagern also negative Erfahrungen aus der Vergangenheit die aktuelle Situation?

Die aktiven Blocker

Die sechste und letzte Gruppe schließlich sind die aktiven Blocker. Diese Fraktion stemmt sich klar und heftig gegen die Veränderung. Die aktiven Blocker – auch Bedenkenträger genannt – zeigen ihre Abgeneigtheit meist offen und klar, sodass sie eine große Streuwirkung haben können. Das ist häufig davon abhängig, wie die Gruppe im Unternehmen angesehen ist.

Im Begriff Bedenkenträger steckt das Wort „denken". Es macht also Sinn, dass Sie sich mit dieser Fraktion intensiv beschäftigen, denn eventuell hat sie wirklich gute Gründe gegen die Veränderung. Es kann aber auch sein, dass sie keinen triftigen Grund haben und einfach aus Trotz blockieren. Die Frage, die Sie sich als Führungskraft stellen müssen, ist: Wie viel Aufmerksamkeit kann und will ich diesen aktiven Blockern widmen? Sie müssen eine Balance finden: Schenken Sie ihnen zu viel Aufmerksamkeit, dann kann es sein, dass die abwartenden Skeptiker hellhörig werden und sich denken: „Oh, die haben vielleicht gute Argumente gegen den Change." Schenken Sie den aktiven Blockern hingegen fast keine Aufmerksamkeit oder ignorieren diese womöglich auch noch, geben Sie ihnen jede Menge Freiraum, um Gerüchte und Halbwahrheiten zu verbreiten oder um einfach nur zu zündeln.

Skeptiker, Bremser und Blocker haben Bedenken.
Ergründen Sie diese:

» Warum sind die Mitarbeiter oder Beteiligten nicht Feuer und Flamme für die Veränderung und brennen nicht sprichwörtlich darauf, sie umzusetzen?

» Haben sie vielleicht andere Informationen als Sie, weil sie näher an den Kunden oder an den Fachthemen sind?

» Haben sie schlichtweg schlechte Erfahrungen gemacht?

» Sehen sie keinen Mehrwert für den Mehraufwand?

» Sehen sie keinen persönlichen Nutzen für sich und ihre Situation?

Liebe Führungskraft: Sie merken, der Dialog mit den Beteiligten macht auf alle Fälle Sinn. Ein Beispiel dazu: Bei einem Umstrukturierungsprojekt in Sydney kam ich mit einem Leiter der Finanzabteilung in Kontakt. Er hatte die Aufgabe, seine Abteilung auszugliedern und abzubauen. Also auf Deutsch gesagt: Er sollte seine Mitarbeiter dazu motivieren und führen, ihre eigenen Arbeitsplätze abzubauen. Es war klar, dass alle Beteiligten – er inklusive – binnen 24 Monaten nicht mehr in der Firma beschäftigt sein werden.

Wie würden Sie sich in diesem konkreten Fall die Typen-Verteilung vorstellen? Wie wird die Verteilung zwischen den Visionären, den Vorreitern, den aktiven Unterstützern, den abwartenden Skeptikern, den passiven Bremsern und den aktiven Blockern sein?

Wie schaffen Sie es als Führungskraft, sich selbst und das Team bis zum Schluss für eine solche Veränderung zu begeistern? Wenn Sie mich fragen, brauchen Sie schon gute Nutzenargumente und Antriebssysteme, um diesen Prozess voranzubringen.

In zahlreichen Unternehmen erlebe ich häufig die passivere oder blockierende Gruppe besorgt oder verängstigt, weil sie sich nicht informiert fühlen, und – zack! – schon machen sich Unruhe und Befürchtungen breit. Denn der Mensch ist sehr fit, wenn es darum geht, sich Negativ- oder Horrorszenarien auszudenken. Im Klartext: was alles schiefgehen und was alles schlechter werden könnte.

Denken Sie nur daran, was Ihnen durch den Kopf geht, wenn ein Kollege zu Ihnen sagt:

„Du sollst mal zum Chef kommen – sofort!"

Na, da geht das Kopfkino los, man denkt sofort: „Oh! Was habe ich ausgefressen? Welchen Fehler könnte ich gemacht haben? Wer könnte sich beschwert haben?"

Ich stelle diese Frage sehr häufig in meinen Seminaren – bisher hatte noch keiner die Idee:

„Ui – es gibt bestimmt eine Gehaltserhöhung."

Ihre Mitarbeiter tendieren bei Informationsmangel gerne dazu, allein die negativen Möglichkeiten zu sehen. Also: Bitte kommunizieren Sie so viel und so offen wie möglich. So vermeiden Sie diesen Effekt.

„Es genügt nicht, dass man zur Sache spricht. Man muss zu den Menschen sprechen."

STANISLAW JERZEY LEC (POLNISCHER SCHRIFTSTELLER)

DER NUTZEN DES EGOISTEN

DIE ZAUBERFORMEL

Wissen Sie, auf welchem Sender jeder Mensch ständig empfangsbereit ist? Es ist nicht der von Ihnen vielleicht geliebte Radiosender, sondern dieser Sender heißt: WIII-FM – der weltweit erfolgreichste Radiosender! Es steht für: What Is In It For Me? Die Frage also: Was habe ich davon? Auf diesem Kanal ist jeder Mensch und Mitarbeiter stets empfangsbereit. Diese Frage stellt sich jeder bewusst oder unbewusst ständig, wenn er mit neuen Themen konfrontiert wird. Und Sie sich übrigens auch!

Ihre Aufgabe als Führungskraft ist es nun einmal, Ihre Mitarbeiter von der Sinnhaftigkeit des geplanten Veränderungsprojekts zu überzeugen. Sie müssen das Projekt den Mitarbeitern regelrecht verkaufen.

In der Verkaufspsychologie spricht man dabei von den Kaufmotiven und den Nutzenargumenten. Menschen lassen sich leichter zu einer Sache begeistern, wenn ihre Bedürfnisse durch das Angebot gedeckt werden, sie also einen Nutzen davon haben. Genauso lassen sich auch Mitarbeiter von Veränderungsprojekten überzeugen, wenn das neue Angebot – die Situation also nach der Veränderung – ihren Bedarf deckt und auf gar keinen Fall die aktuell bestehende Befriedigung gefährdet. Leider ist der Nutzen oft nicht sofort ersichtlich, deshalb müssen Sie argumentieren und Klarheit schaffen: Senden Sie also auf der WIII-FM Frequenz.

Dafür lade ich Sie zu einem kurzen Ausflug in die Verkaufspsychologie ein:

Wann kaufen Kunden?

Sie kaufen dann, wenn Bedarf und Angebot in ihren Augen in einem richtigen Verhältnis zueinander stehen.

Zwei Beispiele dazu:
» Kunden kaufen sich etwas zu trinken, wenn sie Durst haben.
» Kunden kaufen Winterreifen, wenn der Winter vor der Tür steht oder bereits da ist.

Warum kaufen Kunden?

Weil sie eines ihrer Kaufmotive erfüllt sehen wollen. Diese sind in nahezu allen Lebensbereichen folgende:
» Ersparnis von Zeit oder Geld,
» Profit,
» Komfort/Bequemlichkeit,
» Prestige/Ansehen,
» Freude und
» Sicherheit.

Ich gebe Ihnen gerne ein paar Beispiele für „Nutzen" – also warum Menschen etwas kaufen oder sich von etwas überzeugen lassen.

Glauben Sie bitte nicht, dass Tankstellen so große Shops haben, weil es dort so billig wäre. Diese zielen ganz klar auf unsere Bequemlichkeit oder spontane Freude auf etwas ab. Haben Sie etwa noch nie spontan ein Eis an einer Tankstelle gekauft? Also, ich schon.

Ein anderes Beispiel: Eine Swatch und eine Rolex zeigen beide die Uhrzeit an. Der eine kauft sich die Swatch aus Kostengründen, denn er bekommt dort eine gute Uhr zum kleinen Preis. Bei jemandem, der eine Rolex kauft, spielt der Preis nicht die erste Rolle. Er kauft sich die Rolex, weil er die Qualität oder das Ansehen und Image der Uhr liebt. Vielleicht aber auch aus Profit, weil er die potenzielle Wertsteigerung der Sammleruhr sieht.

Wir Menschen im Allgemeinen sind deutlich weniger rational in unseren Entscheidungsprozessen, als wir das immer glauben. Denken Sie an Ihr Lieblingshobby oder an das von Ihren Freunden. Kennen Sie den Material-Gigantismus oder Material-Fetischismus, den manche Radfahrer zum Beispiel haben? Sicherlich. Und kommen Sie mir jetzt bitte nicht mit rationalen Argumenten, warum es Sinn macht, ein Rennrad für 15.000,- EUR zu kaufen.

Genauso emotional wollen eben Mitarbeiter auch in Veränderungsprozessen abgeholt werden. Das schaffen Sie natürlich nur, wenn Sie die Betroffenen gut kennen und wissen, wie Sie diese emotional und an ihrem Nutzen erreichen. Also: Was haben die Mitarbeiter von der Veränderung?

Wenn Ihre Mitarbeiter nun mit Veränderungen konfrontiert sind, schalten sie direkt – bewusst oder unbewusst – WIII-FM an: Was habe ICH davon? Passt das Neue zu dem Bedarf, den ich habe? Und finde ich das gut oder blöd?

Veränderungen werden von uns Menschen sofort mit bereits Bekanntem abgeglichen. Wir überlegen also, ob das Neue besser oder schlechter ist als das, was wir schon kennen.

Der Teufel liegt hier oft im Detail. Sie müssen manche Vorteile und Nutzen der Veränderung den Mitarbeitern erklären und ihnen verkaufen. Manche Vorteile sind vielleicht versteckt und den Mitarbeitern nicht klar. Ihnen als Führungskraft, die die Veränderung angestoßen hat, Ihnen ist der Nutzen schon klar – den Mitarbeitern aber nicht. Also: Werden Sie aktiv! Reden Sie mit den Mitarbeitern, binden Sie diese mit ein! Betonen Sie auch offensichtliche Vorteile, klappern gehört zum Geschäft. Betreiben Sie gutes aber auch authentisches Marketing für Ihr Vorhaben.

Lassen Sie
Ihre Mitarbeiter
nicht dumm
sterben!

Ist ein Mitarbeiter sehr sicherheitsorientiert und hat sich vielleicht gerade deshalb einen Groß-konzern als Arbeitgeber ausgesucht, können Sie diesen Mitarbeiter vermutlich kaum über ein anderes Nutzenargument als das der Sicherheit erreichen. Fragen Sie sich deshalb: Welchen Nutzen in puncto Sicherheit hat er von der Veränderung? Sichert die Veränderung beispielsweise die Zukunftsfähigkeit des Unternehmens und damit Arbeitsplätze? Das sind Argumente, die er gut finden wird. Wenn Sie über Profit, Geldersparnis oder sonst etwas argumentieren, werden Sie ihn nicht überzeugen.

Ist Ihr Mitarbeiter eher bequem und sucht den einfachen Weg? Na, dann müssen Sie ihm klar-machen, dass durch den Veränderungsprozess die Abläufe einfacher und bequemer werden. Und wenn es nach der Automation einen Handgriff weniger zu tun gibt, dann ist das ein wichtiges Argument für ihn.

Ist Ihr Ansprechpartner profit- und geldorientiert – beispielsweise ein Controller, Vertriebler oder Einkäufer –, dann will er Zahlen sehen und die Einspar- oder Vertriebspotenziale verstehen.

Daher meine klare Aufforderung: Arbeiten Sie für sich heraus, welche verschiedenen Nutzen Ihr Projekt für die Beteiligten, für das Unternehmen und für die Kunden stiftet.

Je konkreter Sie an dieser Stelle sind, desto überzeugender werden die Argumente sein. Und gehen Sie hier auch gerne weg von Rationalität und Fakten. Ihre Argumentation muss Bilder und Geschichten enthalten – keine langweilig vorgelesenen Bullet points. Oder wie ein Teilnehmer neulich sagte: Bullshit-points.

Ein grundsätzlicher Tipp für Sie: In Vertriebsorganisationen gehören Begriffe wie Kundenorientierung, Kundenbefragung, Kundenservice, Kunde ist König usw. zum Tagesgeschäft. Sie als Führungskraft streichen bitte einfach den Begriff „Kunde" und ersetzen ihn durch „Mitarbeiter". Und – zack! – schon laufen Ihre Projekte besser.

Henry Ford sagte einmal: „Wenn es ein Geheimnis des Erfolgs gibt, so liegt es darin: Den Standpunkt des anderen zu verstehen und die Dinge mit seinen Augen zu betrachten." Und genau darum geht's. Setzen Sie sich also gedanklich auf den Stuhl des anderen: Wie nimmt er die Welt wahr? Wie sieht er die Dinge? Was ist ihm wichtig, was ist ihm unwichtig? Wie konstruiert er seine Welt?

Ich darf Sie zu einem kleinen Ausflug in den Konstruktivismus einladen, der aus meiner Sicht eine elementare Errungenschaft unserer europäischen Kultur ist. Der Konstruktivismus besagt – salopp formuliert –, dass sich jeder seine Wirklichkeit und Wahrheit selbst konstruiert. So geht der Konstruktivismus eben davon aus, dass jeder seinen eigenen Blickwinkel, seine eigenen Erfahrungen und seine eigenen Wertvorstellungen hat, mit denen er die Welt betrachtet, interpretiert und sich dadurch seine eigene Wirklichkeit formt. Wahrnehmung kommt von wahrnehmen, wir nehmen also das für wahr an, was wir wahrnehmen. Es gibt somit gar nicht die einzige richtige Wahrheit. Die kann es aus den genannten Gründen gar nicht geben. Für Veränderungsprozesse ist der Konstruktivismus-Gedanke deshalb sehr wichtig. Nehmen Sie für sich mit, dass jeder von uns die alte Welt, die neue Welt und alles, was dazwischen ist, eben durch seine von ihm konstruierte Welt-Brille sieht.

Wenn Sie sich gar nicht für den Blickwinkel des Gegenübers interessieren, dann werden Sie es kaum schaffen, ihn von Ihrem Veränderungsprojekt zu überzeugen. Viele rationale Menschen sprechen immer von Fakten und Objektivitäten oder davon, dass Dinge „eben so sind". Das ist zwar nachvollziehbar und aus deren Blickwinkel auch richtig – es gilt deshalb aber noch lange nicht für jeden.

So nimmt eben jeder Mensch seine Umwelt anders wahr, interpretiert und bewertet diese in seiner Werte-Welt. Und die kann sich von Ihrer eigenen grundlegend unterscheiden. Deshalb gehen unterschiedliche Menschen mit Veränderungen unterschiedlich um.

Wenn Sie als Führungskraft nicht im Dialog mit Ihren Mitarbeitern sind, können Sie kaum langfristig Erfolg haben. Für mich ist es immer wieder erstaunlich, welche Berichte ich teilweise von Mitarbeitern über Führungskultur und Verhalten von Führungskräften bekomme. Oft bekomme ich Anfragen von Unternehmen, ob wir einen Motivationstag für die Belegschaft machen könnten. Nach einigen Fragen und Antworten kommt häufig die Empfehlung von uns: „Stoppen Sie lieber die Demotivation, statt die Motivation künstlich steigern zu wollen". Meist landen wir dann beim Führungskräftetraining. Denn gute Führung ist in ihrer Wirkung nachhaltiger und bringt weit mehr Motivation als ein sogenannter „Motivationstag".

DIE PSYCHOLOGIE DES ÜBERZEUGENS IN VERÄNDERUNGS- SITUATIONEN

Der Psychologe Robert Cialdini hat sich intensiv mit den Gründen beschäftigt, warum sich Menschen überzeugen lassen. Dabei ist er auf sechs sehr zentrale Prinzipien gestoßen, die wir verstehen sollten, um sie entweder selbst zu nutzen, wenn wir jemanden überzeugen wollen, oder um uns davor schützen zu können, wenn uns jemand überzeugen möchte. Gerade in Veränderungssituationen müssen wir immer wieder andere Menschen von unseren Themen überzeugen und sie für unser Ziel begeistern. Dazu sind diese sechs Prinzipien des Überzeugens Gold wert.

Reziprozität (Gegenseitigkeit)

Hier handelt es sich um das Phänomen der Dankesschuld. Wenn Ihnen jemand etwas schenkt, fühlen Sie sich verpflichtet, demjenigen etwas zurückzugeben. Das liegt daran, dass wir nicht als „Schmarotzer" abgestempelt werden wollen, denn das ist in unserer Gesellschaft nicht angesehen und wird auch sanktioniert.

Es tritt in allen Kulturen auf und funktioniert sogar, wenn Sie das Geschenk gar nicht wollen oder den, der Ihnen etwas schenkt, nicht mögen. Dieses Prinzip gilt auch für Zugeständnisse. Wenn Sie Ihren Mitarbeitern also etwas zugestehen, beispielsweise die Angst vor Veränderung, sind diese auch eher bereit, Ihnen gegenüber Zugeständnisse zu machen.

Commitment und Konsistenz

Ist Ihnen schon mal aufgefallen, dass Menschen gerne zu Meinungen anderer eine Opposition bilden, sich selbst dagegen aber nie widersprechen? Das liegt daran, dass Menschen nach außen als konsistent wahrgenommen werden möchten. Das bedeutet: Wenn sie sich einmal für etwas entscheiden, halten sie auch dann noch daran fest, wenn es gegen ihre eigene Überzeugung spricht. Außerdem lassen sie nichts unversucht, um ihr Wort zu halten.

Das hat damit zu tun, dass Konsequenz in unserer Gesellschaft einen hohen sozialen Wert hat. Das sind Menschen, „auf die man sich verlassen kann", „die sich selbst treu sind" und „die zu dem stehen, was sie gesagt haben". Solche Attribute wecken Vertrauen in anderen Menschen, suggerieren Verlässlichkeit und sind deshalb hoch angesehen. Außerdem bringt dieses Verhalten eine Erleichterung für den Menschen selbst mit sich. Denn wer eine Entscheidung getroffen hat, braucht nur noch daran festzuhalten und muss nicht jedes Mal wieder darüber nachdenken. In einer Welt, die so komplex ist wie unsere, suchen wir genau nach dieser Stabilität und Verlässlichkeit.

Noch verbindlicher wird ein Commitment, wenn Menschen sich dieses selbst erarbeiten und aktiv öffentlich darüber sprechen.

Soziale Bewährtheit

Wenn sich zwei Menschen an einer Currywurstbude treffen, entscheidet der zweite, wie sich nachkommende Kunden verhalten werden. Stellt er sich hinter den ersten, wird sich eine Schlange hintereinander bilden. Stellt er sich neben den ersten, werden auch die, die danach kommen, sich nebeneinander anstellen. Wir vertrauen auf bewährte Handlungen, wir nehmen also an: Wenn jemand anderes es macht, ist es richtig.

   Das liegt daran, dass Menschen durchs Nachahmen lernen. Zusatzinfo: Die Menschheit teilt sich in ungefähr 95% Nachahmer und allein 5% Vorreiter.

Sympathie

Sympathie sorgt für Verbindlichkeit, denn wir sehen in Ähnlichkeiten keine Bedrohung, sondern fühlen uns unter Gleichgesinnten ziemlich wohl. Ausschlaggebende Faktoren für Sympathie sind Attraktivität, Ähnlichkeit und Vertrauen. Ist jemand attraktiv, trauen wir diesem Menschen automatisch mehr Kompetenz, Freundlichkeit, Intelligenz und Ehrlichkeit zu. Menschen, die uns ähnlich sind, finden wir sympathischer als Menschen, die uns unähnlich sind. Und Menschen, die wir schon kennen, vertrauen wir eher als unbekannten.

Wie andere Menschen diese drei Faktoren bei uns bewerten, hat Einfluss darauf, wie beliebt wir bei ihnen sind.

Autorität

Aus der Geschichte wissen wir, welche Macht Autorität hat – sie führt bis zum blinden Gehorsam. Wichtig dabei ist: Sie müssen kein Experte sein, Sie müssen als einer wahrgenommen werden. Dabei helfen bestimmte Merkmale:

Symbole: Je bekannter diese sind, desto höher wird Ihr Status eingeschätzt. Das können Autos, Kleidung, Accessoires und Titel sein.

Körpersprache: Je tiefer und ruhiger eine Stimme ist, desto autoritärer nehmen wir jemanden wahr. Wer in seiner Körpersprache symmetrisch zu dem ist, was er erzählt, sich langsam bewegt und große Gesten macht, wird als selbstbewusst eingeschätzt, das erhöht den Expertenstatus.

Aussehen: Und auch hier haben es attraktive Menschen wieder einfacher, denn ihnen glaubt man mehr.

Wissen: Wer professionell ist, spezifisches Fachwissen hat und eine gute Ausbildung, hat gute

Chancen, als Experte wahrgenommen zu werden. Aber auch soziale Kompetenz führt zu gutem Ansehen: Wer eigene Schwächen offen anspricht sowie über die eigenen Emotionen sprechen kann und diese zeigt, wirkt glaubwürdig.

Knappheit/Knappheitsprinzip

Knappheit erzeugt bei uns Menschen die Ansicht, dass etwas wertvoll, attraktiv und qualitativ hochwertig ist. Sobald etwas knapp ist, setzt unser rationales Denken aus. Wir messen Gelegenheiten, Infos und Dingen einen höheren Wert zu, die weniger erreichbar sind. Besonders wirksam ist das Prinzip, wenn etwas erst seit kurzem knapp ist oder wenn ich mit anderen darum konkurrieren muss. Stellen Sie sich eine Sale-Situation vor, in der das, was Sie möchten, nur noch einmal vorhanden ist und Sie sehen, wie jemand anderes danach greift ... spüren Sie, wie wirkungsvoll Knappheit sein kann?

FAKTOREN FÜR ERFOLGREICHEN WANDEL

Welcher Faktoren bedarf es, um einen erfolgreichen Wandel zu schaffen? Es gibt eine recht einfache und überschaubare Formel dafür. Umso erstaunlicher ist es, dass in den meisten Veränderungssituationen einer oder mehrere dieser Faktoren nicht vorhanden sind.

Die 5 Faktoren sind:
1. Sie brauchen ein Ziel!
2. Sie brauchen die notwendige Qualifikation!
3. Sie brauchen ausreichend Motivation!
4. Sie brauchen die relevanten Ressourcen!
5. Und Sie brauchen einen Aktionsplan!

Das klingt zunächst furchtbar simpel. Bevor Sie auf dieses erste Gefühl reinfallen, schauen wir uns die Faktoren genau an.

Faktor 1: Sie brauchen ein Ziel!

Das Ziel, wohin die Veränderung gehen soll, muss für alle Beteiligten glasklar und greifbar sein. Häufig sind Ziele diffus, schwammig und mitunter noch gar nicht vorhanden. Würde man in manchen Change-Projekten eine Befragung nach dem Ziel durchführen, käme vermutlich ein wildes Potpourri heraus. Gerne werden die Ziele auch ständig verändert. Die Sportschützen lieben diese

Bedingungen für den erfolgreichen Wandel

Ziel	+	Qualifikation	+	Motivation	+	Ressourcen	+	Aktionsplan	=	Erfolgreicher Change
~~Ziel~~	+	Qualifikation	+	Motivation	+	Ressourcen	+	Aktionsplan	=	Chaos
Ziel	+	~~Qualifikation~~	+	Motivation	+	Ressourcen	+	Aktionsplan	=	Angst
Ziel	+	Qualifikation	+	~~Motivation~~	+	Ressourcen	+	Aktionsplan	=	Lähmung
Ziel	+	Qualifikation	+	Motivation	+	~~Ressourcen~~	+	Aktionsplan	=	Frust
Ziel	+	Qualifikation	+	Motivation	+	Ressourcen	+	~~Aktionsplan~~	=	Planlosigkeit

sogenannten „moving targets" – die Mitarbeiter hassen sie.

Es kann zwar sein, dass ich ein Ziel auf dem Weg der Veränderung anpassen oder korrigieren muss – dann aber bitte stets begründbar und in nachvollziehbarer Art und Weise. Nur so folgen Ihre Mitarbeiter auch diesem neuen Ziel. Wenn wir Anfragen für Change Management-Begleitungen bekommen, ist eine meiner ersten Fragen immer: „Von wo nach wo möchten Sie sich denn verändern?" Diese einfache Frage überfordert bereits die meisten.

Nicht vergessen: Neben dem Ziel muss natürlich auch der Ausgangspunkt klar sein. Stellen Sie sich vor, Sie sind in einer fremden Großstadt, haben einen Stadtplan, wissen, wo im Stadtplan die Sehenswürdigkeit ist, zu der Sie wollen – Sie haben also Ihr Ziel. Was Sie aber nicht wissen, ist, wo Sie sich aktuell befinden. In diesem Fall bringt Ihnen das Ziel und Ihr Plan natürlich reichlich wenig.

Das heißt, wenn Sie ein Veränderungsprojekt starten, sollten Sie sich über Startpunkt und Zielpunkt im Klaren sein.

Stellen Sie sich folgende Fragen:

» In welcher Lage befindet sich aktuell Ihr Unternehmensbereich?

» Was gefällt Ihnen an der aktuellen Situation und was nicht?

» Was möchten Sie verändern?

» Was möchten Sie nicht verändern?

» Wie soll es sich darstellen, wenn die Veränderung erfolgreich durchgeführt wurde?

» Was ist dann anders?

» Wie sieht Ihr Zielbild aus?

» Wenn Sie bei einer guten Fee drei Wünsche für Ihren Unternehmensbereich frei hätten: Was würden Sie sich wünschen?

» Sollte das Veränderungsvorhaben zum kompletten Albtraum ausarten, was ist dann schiefgelaufen?

» Was möchten Sie nicht erreichen? Gibt es Nicht-Ziele?
(Nicht-Ziele helfen, Klarheit zu erreichen)

Faktor 2: Sie brauchen die notwendige Qualifikation!

Für eine Veränderung benötigt man grundsätzlich zwei Arten von Qualifikationen:

Zum einen die Qualifikation des Veränderungsmanagements – also wie Sie mit einer sich verändernden Situation umgehen. Häufig sind dies kommunikative Kompetenzen, gepaart mit jeder Menge lösungsorientiertem Konfliktmanagement.

Zum anderen benötigen Sie die Qualifikation, sich auf das, was von Ihnen in der Situation gefordert wird, einstellen zu können.

Ein Beispiel dazu: In einem großen Konzern wurde beschlossen, den Kundendialog zu optimieren. Die schriftlichen Reklamationen wurden seit jeher von einer sehr fitten Sachbearbeitungsabteilung schriftlich beantwortet. Die neue Strategie sah aber vor, dass auch die schriftlichen Beschwerden zukünftig telefonisch beantwortet werden. So sollte der Kundendialog optimiert werden.

Versetzen Sie sich nun in die Lage der Sachbearbeiterinnen und Sachbearbeiter. Bisher kam es darauf an, grammatikalisch einwandfreie und inhaltlich korrekte Briefe zu schreiben. Die Emotionen der Kunden waren auf dem Papier, damit auch geduldig und nie wirklich persönlich. Die neue Situation erforderte zwar nach wie vor eine inhaltlich korrekte Bearbeitung. Der Unterschied war aber, dass diese möglichst spontan passieren musste und vor allem rhetorisch eloquent, feinfühlig und mit einer angenehmen Stimme. Während die Mitarbeiter früher Zeit hatten, um über den schriftlichen Kontakt nachzudenken, hatten sie plötzlich den aufgebrachten Kunden am Telefon, der sie auch noch persönlich ansprach (und im schlimmsten Fall beschimpfte).

Nun gab es Sachbearbeiterinnen und Sachbearbeiter, die auf den ersten Blick gar nicht in das neue Anforderungsprofil passten. Diese hatten natürlich Angst vor der Veränderung, denn solche Kompetenzen sind nicht schnell mal in einem 2-Tages-Training erlernt. Das hatten die Führungskräfte deutlich unterschätzt.

Also: Machen Sie Ihre Mitarbeiter fit für den Veränderungsprozess und die Situation danach. Stellen Sie ihnen Qualifizierungsmaßnahmen in Aussicht.

In dem genannten Automationsprojekt hatten einige Mitarbeiter Sorgen, ob sie denn jemals in der Lage sein würden, die neue Technologie zu beherrschen. Ein klarer Einarbeitungsplan hat hier sehr geholfen.

Faktor 3: Sie brauchen ausreichend Motivation!

Der Begriff ‚Motivation' stammt vom lateinischen Begriff ‚movere' ab, das mit ‚bewegen' übersetzt wird, und bedeutet so viel wie Beweggrund. In Veränderungssituationen benötigen Sie als Betroffener einen Beweggrund, warum Sie sich oder Ihre Umgebung verändern sollen. Welchen Nutzen haben Sie davon? Was bringt es Ihnen? Was bringt es dem Team, dem Unternehmen und nicht zuletzt Ihnen ganz persönlich? Nur wenn Ihnen das als Betroffener klar ist, erkennen Sie einen Sinn. Und nur so kann Motivation entstehen.

Denken Sie mal an vergangene Veränderungen, die Ihnen Ihre eigene Führungskraft vorgegeben hat. Beispielsweise Vorstandsentscheidungen, die Ihnen nicht klar waren, die Sie aber mit Ihrem Team umsetzen sollten. Können Sie sich an eine solche Situation erinnern? Sie haben die Vorhaben noch gar nicht verstanden und ausführlich erklären möchte es aber auch keiner, schließlich sind Sie selbst Führungskraft ...

Und genauso geht es Ihren Mitarbeitern. Die wollen auch nur darüber informiert werden und wissen, warum was wie gemacht wird.

Stellen Sie sich vor, Sie werden von Ihrem Chef in die Achterbahn gesetzt, er verbindet Ihnen die Augen und sagt nicht, was da auf Sie zukommt. Na, dann viel Spaß dabei ...

Wenn innere Motivation entstehen soll, braucht der Mensch für sich einen Sinn in der Veränderung. Sie erinnern sich an „What is in it for me"? Zeigen Sie Ihren Mitarbeitern, warum die Veränderung auch für sie Sinn macht.

Faktor 4: Sie brauchen die relevanten Ressourcen!

Kennen Sie die Situation: Sie möchten etwas bewegen und verändern, Ihnen fehlen aber die Ressourcen? Das können Mitarbeiter, Zeiteinheiten oder auch Arbeits- und monetäre Mittel sein. Als Führungskraft müssen Sie sicherstellen, dass es den Mitarbeitern nicht am Zugang zu den notwendigen Ressourcen fehlt.

Ein Beispiel dazu: Ein Mitarbeiter soll eine Recherche machen, wie ein bestimmter Sachverhalt an den fünf Standorten des Unternehmens aufgenommen und beurteilt wird. Doch die Reise zu den Standorten wird ihm nicht genehmigt. Das ist ein klarer Fall von fehlenden Ressourcen. Welche Auswirkung das auf die Motivation des Mitarbeiters haben wird, ist klar: Er wird frustriert sein.

Faktor 5: Und Sie brauchen einen Aktionsplan!

Wollen Sie Ihr Ziel nicht erreichen? Dann brauchen Sie auch keinen Aktionsplan, aber ich nehme an, Sie setzen sich Ziele, die Sie erreichen möchten.

Also eruieren Sie: Was sind die nächsten Schritte, wer kümmert sich in welcher Zeit mit wem um welche Themen? Ein konkreter Aktionsplan unterstützt die Veränderung, denn er unterteilt eine vielleicht sehr groß anmutende Veränderung in kleinere Häppchen, die leichter zu verdauen sind. Verbindlichkeit wird erreicht, indem die zuständigen Personen konkret benannt werden. Genauso verhält es sich mit den Aufgaben, auf neudeutsch den To Dos. Planlosigkeit macht keinem Menschen Spaß und bringt Sie auch nicht weiter. Die Gleitschirmflieger, von denen ich bereits berichtet habe, haben klare Ziele, genauso wie klare Aktionspläne bzw. klare Vorstellungen davon, wann sie wo in welcher Höhe fliegen wollen, um ihr Ziel zu erreichen.

In Führungskräftetrainings nutze ich gerne die 6W-Strukturhilfe:

Wer macht **Was** mit **Wem** bis **Wann** in **Welcher** Qualität mit **Welchem** Ziel? Wenn Sie diese Fragen in Ihrem Aktionsplan klar beantworten – dann klappt's auch.

In meinen Change-Workshops stelle ich immer die Frage, wie es in den jeweiligen Unternehmen um die genannten relevanten Faktoren für erfolgreiche Veränderung bestellt ist. Und Sie werden es ahnen: Die Berichte sind teilweise schockierend und alarmierend. In kaum einem Unternehmen sind alle 5 Faktoren vorhanden, wahrscheinlicher ist, dass keiner der 5 Faktoren erfüllt wurde. Oft gibt es betroffenes Schweigen oder gar ein Lachen auf die Frage: „Welche fehlen denn bei Ihnen?"

Die von beschämten Lächeln begleitete Antwort ist dann oft: „ Äh ... alle?!"

Das legt leider klar einen Führungsfehler offen: Die jeweiligen Vorgesetzten sind passiv, setzen keine Ziele, planen nicht, steuern nicht, sichern keine Motivation, entwickeln die Mitarbeiter nicht weiter ... usw.

Manches Mal grenzt es schon an ein Wunder, dass die Mitarbeiter das Unternehmen nicht schon längst verlassen haben. Oder eher, dass die Mitarbeiter nicht schon längst diesen Vorgesetzten verlassen haben.

Nur für Sie als Wink mit dem Zaunpfahl: Der häufigste Kündigungsgrund in Deutschland ist eine schlechte Beziehung zwischen Mitarbeiter und Chef. Seien Sie bitte kein Kündigungsgrund für Ihre Mitarbeiter! Wie Sie sicher wissen: Die guten sind schneller weg als die schlechten ...

Was passiert nun, wenn ein Faktor fehlt?

Wenn kein klares Ziel vorliegt, entsteht oft Chaos. Die Akteure der Veränderung:
» wissen nicht, was zu tun ist,
» haben unterschiedliche Vorstellung des Ziels,

» laufen in verschiedene Richtungen
» oder gar nicht.

Je klarer und transparenter das Ziel ist, desto logischer wird der Weg dorthin sein. Die Mitarbeiter und Beteiligten können dann umso besser mitdenken und den Prozess unterstützen. „Ist das ‚Wohin' klar, ist das ‚Wie' leicht!", so lautet eine alte Change Management-Weisheit.

Stellen Sie sich nun einmal vor, man würde in Ihrem Unternehmen eine Befragung durchführen: „Was ist das Ziel der aktuellen Veränderung?" Die Ergebnisse wären sicherlich spannend. Vielleicht gibt es eine große Schnittmenge oder zumindest eine gleiche Stoßrichtung, aber ich vermute, es wird auch eine große Streuung geben. Selbst dann, wenn Sie noch so schön kommuniziert haben.

Wenn die notwendige Qualifikation fehlt, entsteht oft Angst. Angst vor der Veränderung als solche – weil ich vielleicht nicht weiß, wie das geht – und vor allem Angst vor der neuen Aufgabe, dem neuen Ablauf, dem neuen Computerprogramm, das ich bedienen soll und noch gar nicht kenne. Angst blockiert Ihre Mitarbeiter.

Wenn die Motivation fehlt, entsteht Lähmung. Nichts bewegt sich, wenn der Beweggrund fehlt. Führungskräfte sind dann oft frustriert – meist sind sie selbst motiviert sowie überzeugt von der

Sinnhaftigkeit des Vorhabens und wundern sich, dass die Kollegen und Mitarbeiter es nicht sind.

Wenn die Ressourcen fehlen, entsteht Frust. Mitarbeiter haben das Ziel verstanden und verinnerlicht, sind hoch motiviert und haben die notwendigen Qualifikationen. Also können und wollen sie – aber dürfen nicht, weil ihnen die relevanten Ressourcen fehlen oder nicht zugesprochen werden. Das frustriert natürlich. Stellen Sie als Führungskraft daher sicher, dass die notwendigen Ressourcen im Vorfeld klar sind und zur Verfügung stehen.

Mitarbeiter lernen sehr schnell, ob in ihren Veränderungsprojekten die Ressourcen zur Verfügung stehen oder nicht und werden entsprechend positiv oder negativ auf das nächste Vorhaben reagieren. Denken Sie an die Typenverteilung, die wir bereits besprochen haben. Schnell werden aktive Unterstützer zu abwartenden Skeptikern, wenn sie gelernt haben, dass bei Ihren Veränderungsvorhaben häufig die Ressourcen fehlen.

Wenn es keinen Aktionsplan gibt, entsteht Planlosigkeit. Die Beteiligten wissen nicht, was sie wann tun sollen. Eventuell ist das Ziel klar, die Motivation und Qualifikation vorhanden, sogar die Ressourcen stehen zur Verfügung. Aber wenn kein Aktionsplan vorliegt, irren alle planlos umher. Keine Koordination, keine abgestimmten Prozesse, keine Verantwortlichkeiten.

Die häufigsten Fallstricke von Aktionsplänen sind übrigens die zwei Begriffe „asap" und „alle".

Der erste steht ja bekanntermaßen für „as soon as possible", also: so schnell wie möglich. Das ist zwar gut gemeint, aber haben Sie schon mal darüber nachgedacht, dass Sie dann auch nie zum Zug kommen? Das ist so, als wenn ein Kneipenbesitzer in seiner Kneipe ein Schild aufhängt: „Morgen gibt's Freibier!" Wenn Sie da morgen durstig hingehen, wird auf dem Schild wieder stehen: „Morgen gibt's Freibier!" Sie bekommen also nie Ihr Freibier. Ähnlich ist es eben auch bei asap. Setzen Sie sich lieber einen Termin. Den kann man zur Not ja immer noch verschieben.

Der Begriff „alle" schafft wenig Verbindlichkeit. Im englischen Sprachgebrauch gibt es die Aussage: „Everybody is nobody!" Frei übersetzt: „Alle ist keiner!" Benennen Sie stattdessen konkrete Personen oder Verantwortliche, die sich darum kümmern, das sich eben alle daran halten oder dass alle es umsetzen.

ALLES WIRD GUT!

Ja: Change-Prozesse, Veränderungen und Umstrukturierungen sind machbar!

Dies zeigen zahllose Beispiele. Noch mehr Beispiele zeigen jedoch, wie schnell das Projekt ins Stocken gerät oder schiefgeht.

Aktive Führung – verbunden mit Zielklarheit und Transparenz – ist der Schlüssel zum Erfolg.

Infomieren Sie alle Beteiligten ausreichend und zeitnah.

Gehen Sie in Gespräche, hören Sie aufmerksam und interessiert zu. Dieses Interesse muss selbstredend ehrlich sein.

Situatives und aktives Führen ist und bleibt eine der wichtigsten Motivationsstrategien, vor allem in unsicheren Situationen.

In meiner über 18 Jahre langen Erfahrung in Change-Projekten in 23 verschiedenen Ländern mit mehr als 56 verschiedenen Nationen habe ich gesehen, welche drei Aspekte dafür besonders wichtig sind.

Erstens: Respekt.
Zweitens: Wertschätzung.
Drittens: Transparenz.

Lassen Sie Ihre Mitarbeiter nicht dumm sterben. Beziehen Sie sie ein, teilen Sie Informationen, nutzen Sie die Kreativität und das Wissen Ihrer Mitarbeiter.

In der medizinischen Placebo-Forschung hat man Folgendes festgestellt: Wenn Ärzte sich erkundigen, wie es dem Patienten mit seiner Erkrankung geht, wie er damit lebt und wie sich die Beschwerden äußern – also wenn der Arzt Interesse zeigt und eine Beziehung zum Gegenüber aufbaut –, dann wirken die Medikamente um 40% besser.

Was heißt das für Sie als Führungskraft im Change Management? Gehen Sie in den aktiven Dialog mit den Mitarbeitern, führen Sie offene und ehrliche Gespräche und vor allem: hören Sie zu! Jeder Mensch hat zwei Augen, zwei Ohren, aber nur einen Mund. Das ist kein Konstruktionsfehler, sondern ein guter Hinweis auf das richtige Verhältnis von Beobachten, Zuhören und selber Reden!

Zu viele Manager ergötzen sich an Monologen und Ansprachen, statt eine Atmosphäre zu schaffen, in der sich die Mitarbeiter auch trauen, etwas zu sagen oder nachzufragen. Und wenn Ihre

Mitarbeiter sich trauen, gilt es aber auch wirklich zuzuhören, nachzufragen und zu versuchen, sie zu verstehen. Das motiviert die Mitarbeiter deutlich mehr als irgendwelche monetären Prämien. Die Mitarbeiter wollen ernst genommen werden!

Anstatt Ihren Mitarbeitern die Ziele und Beweggründe Ihres Veränderungsvorhabens nur zu erklären, sollten Sie sie in die Entwicklung integrieren - denn dann sind es auch die Ziele und Beweggründe Ihrer Mitarbeiter und sie sind motiviert, sie zu verwirklichen. Dinge sind veränderbar, wenn wir uns intensiv mit Ihnen beschäftigen, Entscheidungen treffen und diese dann auch umsetzten.

Change ist nicht doof – Change ist toll! Vorausgesetzt, Sie sind kein Vorgesetzter, sondern eine wirkliche Führungskraft, die den Begriff „Führungs-Kraft" auch verdient.

Ich freue mich, Sie einmal in einem meiner Workshops oder Seminare persönlich begrüßen zu können. Treten Sie in den Dialog mit mir – ich freue mich drauf!

Ihr Rainer Krumm

ÜBER DEN AUTOR

Rainer Krumm ist Experte für Change Management und Unternehmenskultur. Als Managementtrainer, Berater, Coach und Autor von 10 Büchern hat er in 23 verschiedenen Ländern internationale Unternehmen, Führungskräfte und Teams begleitet, beraten, trainiert und gecoacht. Er gilt als einer der erfahrensten internationalen Berater und Trainer im Bereich Unternehmenskultur und Change Management.

Als Geschäftsführer und Gründer der axiocon GmbH hilft er Unternehmen, zukunftssicher zu werden und sich optimal auf die Herausforderungen des Marktes vorzubereiten. Er und sein Team unterstützen dabei in Trainings, Workshops und Coachings. Dabei arbeiten sie häufig mithilfe der 9 Levels of Value Systems, um Wertesysteme und Kulturen messbar und damit veränderbar zu machen.

Kontakt:
info@axiocon.de
www.axiocon.de
www.change-ist-doof.de

WEITERFÜHRENDE LITERATUR

Bär-Sieber, M., Krumm, R., Wiehle, H.: Unternehmen verstehen, gestalten, verändern – Das Graves-Value-System in der Praxis, Gabler Verlag, Springer Fachmedien Wiesbaden GmbH, 2010, 3. Auflage 2015.

Bridges, William: Managing Transitions – Making the Most of Change, Da Capo Lifelong Books, Cambridge, 2003.

Doppler, K., Fuhrmann, H., Lebbe–Waschke, B., Voigt, B.: Unternehmenswandel gegen Widerstände – Change Management mit den Menschen, Campus Verlag Frankfurt, New York, 2002.

Doppler, K., Lauterburg C.: Change Management – Den Unternehmenswandel gestalten; Campus Verlag Frankfurt, New York, 11. erw. u. aktualis. Auflage, 2005.

Doppler, K.: Der Change Manager – Sich selbst und andere verändern – und trotzdem bleiben, wer man ist; Campus Verlag Frankfurt, New York, 2003.

Kotter, J. P., Cohen, D. S.: The Heart of Change, Harvard Business School Press, Boston, 2002.

Krumm, R.: 9 Levels of Value Systems, werdewelt verlag & medienhaus, Mittenaar-Bicken, 2012, 2. Auflage 2014.

Krumm, R.: 30 Minuten für Werteorientiertes Führen, Gabal Verlag, Offenbach, 2014, 2. Auflage 2016.

Schmidt-Tanger, M.: Veränderungscoaching – Kompetent verändern, Junfermann Verlag, Paderborn, 1998.

RAINER KRUMM & BENEDIKT PARSTORFER

CLARE W. GRAVES:
SEIN LEBEN, SEIN WERK

Die Theorie menschlicher Entwicklung

ISBN 398-1531884

14,95 Euro

Autor: **Rainer Krumm**

www.werdewelt-verlag.info

Clare W. Graves
SEIN LEBEN, SEIN WERK

Kein anderer beeinflusst bis heute das Verständnis unserer Kultur- und Wertesysteme im Business-Kontext so stark wie Clare W. Graves, US-amerikanischer Professor für Psychologie und Begründer der Ebenentheorie der Persönlichkeitsentwicklung. Seine Relevanz für die Beraterbranche ist unumstritten – und doch haben sich bis jetzt nur wenige Autoren mit seinen Originalwerken auseinandergesetzt.

Dieses Buch ist die weltweit erste Zusammenschrift von Graves' Werken sowie seiner vollständigen Biografie und stellt eine umfassende Erläuterung seiner Relevanz für die Wissenschaft zur menschlichen Entwicklung dar.

Rainer Krumm und Benedikt Parstorfer verfolgen mit dieser Arbeit das Ziel, das Wissen über Graves und sein umfangreiches Werk zu verbreiten sowie dem Leser ein fundiertes Verständnis des Originals zu ermöglichen.

9 LEVELS
OF VALUE SYSTEMS

2. Auflage

Rainer Krumm

ISBN 978-3981531879

14,95 Euro

Autor: **Rainer Krumm**

9 Levels of Value System

94% der CEOs und Geschäftsführer halten Unternehmenskultur für einen wichtigen Erfolgsfaktor. Die wenigsten können jedoch Unternehmenskultur definieren, greifen oder auch nur beschreiben.

Mit dem Modell der „9 Levels of Value Systems" haben Trainer, Coaches und Berater ein wissenschaftlich fundiertes Analysetool in der Hand, das gleichwohl pragmatisch wie praxistauglich für die Anwendung ist. Einzelpersonen, Teams und Organisationen bekommen eine völlig neue Perspektive auf die aktuelle Situation, die messbar dargestellt wird – also in Zahlen greifbar ist. Die Relevanz anderer Werteorientierungen wird erkannt und verstanden, nötige Veränderungen werden eingeleitet und erfolgreich umgesetzt.

Viele Jahre praktische Erfahrung des Autors in Unternehmen und Management fließen hier mit den Forschungen renommierter Persönlichkeiten wie Prof. Clare W. Graves zusammen und bieten ein wertvolles Beratungs- und Coachingtool von Anwendern für Anwender.

9 LEVELS

institute for value systems

CHANGEPROZESSE

SITUATION & BEDARF

Der Markt ist in stetigem Wandel: Kundenanforderungen ändern sich, neue Produkte und Dienstleistungen müssen auf den Markt gebracht werden oder innerbetriebliche Strukturen werden regelmäßig überprüft. Die sich ständig ändernden Rahmenbedingungen verlangen von den Unternehmen ein hohes Maß an Anpassungsfähigkeit, um im harten Wettbewerb ganz vorne mitspielen zu können.

Leider scheitern die meisten Unternehmensprozesse/Veränderungsprozesse, weil sie zu sehr rational, zu sehr technisch aufgesetzt sind, d. h., die menschliche Seite der Veränderung nicht beachtet wird – die Menschen und die Kultur werden oft vergessen. Daher sagen viele Mitarbeiter: Change ist doof – ist er aber natürlich nicht.

Warum 9 Levels?

Die 9 Levels setzen an der menschlichen Seite der Veränderung an und schaffen Akzeptanz bei allen Mitarbeitern. Sie machen Wertesysteme sichtbar und greifbar und helfen somit dabei, wichtige Fragen zu beantworten:

- Ist Ihre Organisation reif für den Veränderungsprozess?
- Welche Veränderung benötigt Ihre Organisation?
- In welche Richtung muss sich Ihre Organisation überhaupt zukünftig verändern, um erfolgreich zu sein?
- Oder geht es vielleicht in manchen Unternehmensbereichen auch schlichtweg darum, den aktuellen Level der Wertekultur auszubauen und zu optimieren?

EINSATZBEREICHE

Mit 9 Levels können die Wertesysteme von einzelnen Personen ebenso erfasst werden wie die von Teams/Gruppen und ganzen Organisationen. Einerseits sollten die Wertesysteme in Ihrer Funktion als systemprägende Personen erfasst werden. Dabei wird mit dem Personal Value System auf individueller Ebene, mit Ihnen als Entscheidungsträger, gearbeitet. Des Weiteren kann über das Organisational Value System eine Befragung Ihres Unternehmens durchgeführt werden, um die aktuelle IST-Situation zu erfassen und darauf basierend abzufragen, in welche Richtung sich Ihre Organisation entwickeln soll, um langfristig erfolgreich zu sein.

NUTZEN

9 Levels schafft mehr Transparenz und Sicherheit. Es hilft dabei, die entscheidenden Strategien zur Veränderung auch umzusetzen und mögliche Widersprüche auf Seiten Ihrer Mitarbeiter abzubauen. Die angestrebten Veränderungen können auf die Wertekultur Ihrer Organisation angepasst werden und sind so viel erfolgsbringender und schneller zu verwirklichen. Mit 9 Levels verstehen Ihre Mitarbeiter den Change-Prozess und werden „mitgenommen". Somit tragen sie ihren Teil zum Erfolg bei.

ANWENDUNG

Ihr 9 Levels-Berater führt einen Workshop mit Ihnen, dem Top-Management bzw. den Entscheidungsträgern in Ihrem Unternehmen durch und erarbeitet dabei die einzelnen Levels der Wertesysteme. Im Vorfeld dazu hat er Ihnen einen Link mit einem Code zum 9 Levels-Onlinefragebogen zugeschickt, über den Sie und die anderen Workshop-Teilnehmer die Fragen zum Personal Value System und zum Organisational Value System ausgefüllt haben. Mit der Auswertung (dem Report) erhalten Sie und Ihr Berater messbare Aussagen darüber, auf welchem Level Ihre Organisation steht und wohin sie sich entwickeln soll, um dann Handlungsempfehlungen abzuleiten und mit Ihnen die nächsten Schritte zu besprechen.

9 LEVELS INSTITUTE FOR VALUE SYSTEMS GMBH & CO. KG
Eywiesenstraße 6 | 88212 Ravensburg | Germany
T +49 751 363 44-999 | F -739 | info@9levels.de | www.9levels.de

WWW.9LEVELS.DE

axiocon

organisational & value management

axiocon als Impulsgeber für Veränderungen

Wir bewegen
Menschen, Systeme, Unternehmen

Mit Vertrauen, Humor und Menschlichkeit – gepaart mit Professionalität, Qualität und Wertschätzung unterstützen wir Sie in Ihrem Organisational Management. Wir von axiocon sind ein Team aus Unternehmern, Trainern, Coaches und Beratern, die je nach Anforderungen und Herausforderungen bei Ihnen zum Einsatz kommen. So wie es Sinn macht und für Ihr Unternehmen einen Mehrwert schafft.

axiocon GmbH | Eywiesenstraße 6 | 88212 Ravensburg | Germany
T +49 751 363 44-730 | F -739 | info@axiocon.de | www.axiocon.de

WWW.CHANGE-IST-DOOF.DE